U0202651

设施选址中的机制设计

王晨豪　著

内 容 简 介

设施选址问题旨在选择建立公共设施的位置来更好地服务消费者，是一类在运筹学、计算机科学和经济学中受到广泛关注的问题. 在设施选址博弈中，消费者可以选择策略性地报告自己的私人信息，操纵设施建立的位置，从而使自己获益. 机制设计的目标是在保证良好性能的基础上使得任何人都无法通过谎报信息而获益. 近十几年来，国内外研究者在设施选址博弈的机制设计方面取得了非常丰富的研究成果，本书将对代表性的成果进行介绍. 本书可以作为计算机科学、运筹学、管理科学和应用数学等专业的高年级本科生和研究生的参考书，亦可供相关研究领域的科研人员参考.

图书在版编目(CIP)数据

设施选址中的机制设计 / 王晨豪著. -- 北京：北京邮电大学出版社，2025. -- ISBN 978-7-5635-7408-7

Ⅰ. TU998

中国国家版本馆 CIP 数据核字第 2025HD5598 号

策划编辑：彭 楠　　**责任编辑**：彭 楠　耿 欢　　**责任校对**：张会良　　**封面设计**：七星博纳

出版发行：北京邮电大学出版社
社　　址：北京市海淀区西土城路 10 号
邮政编码：100876
发 行 部：电话：010-62282185　传真：010-62283578
E-mail：publish@bupt.edu.cn
经　　销：各地新华书店
印　　刷：保定市中画美凯印刷有限公司
开　　本：720 mm×1 000 mm　1/16
印　　张：9.75
字　　数：150 千字
版　　次：2025 年 1 月第 1 版
印　　次：2025 年 1 月第 1 次印刷

ISBN 978-7-5635-7408-7　　定价：60.00 元

· 如有印装质量问题，请与北京邮电大学出版社发行部联系 ·

前　言

在设施选址博弈的机制设计中, 消费者将自己的私人信息 (比如位置、偏好等) 报告给系统决策人, 进而系统决策人使用一个机制来确定设施开设的位置, 该机制导出了一个博弈. 通常, 设计的机制需要是策略对抗的, 并且具有良好的性能. 在一个策略对抗机制所导出的博弈中, 真实地报告私人信息是所有消费者的占优策略, 从而所有人都说真话是博弈的一个纳什均衡. 而机制有良好的性能则意味着这个均衡对系统目标有较好的近似比. 近十几年来, 研究者在设施选址博弈的机制设计领域取得了丰富的研究成果, 本书将对代表性的成果进行介绍.

本书的第 1 章介绍问题的背景和模型. 第 2 章介绍经典设施选址博弈模型中机制设计的相关理论结果, 包括单设施模型、双设施模型、多设施模型等. 第 3章介绍消费者具有不同偏好信息下的机制设计, 例如消费者可能厌恶设施或者对设施有潜在的不同需求等. 第 4 章介绍消费者具有不同的动机因素和不同约束条件下的机制设计, 例如消费者可能具有多个位置或者可以创建和使用假身份等. 第 5 章和第 6 章考虑了两种带支付的设施选址博弈模型, 分别是双重角色设施选址博弈以及带预算和策略性设施的设施选址博弈. 第 7 章为总结与讨论, 给出未来有潜力的研究方向.

感谢北京师范大学珠海校区人工智能与未来网络研究院和北京师范大学-香港浸会大学联合国际学院 (UIC) 理工科技学院计算机科学系提供的良好的教学科研环境, 感谢北京邮电大学出版社为本书的撰写和编辑所提供的帮助. 此外, 作者还要感谢家人给予的支持和理解.

本书得到了北京师范大学珠海校区交叉智能超算中心、北京师范大学-香港浸会大学联合国际学院“冲补强”专项资金、广东省数据科学与技术交叉应用重点

实验室 (R0400004-24、R0400001-22、2022B1212010006), 以及国家自然科学基金 (No.12201049) 的资助.

由于作者水平有限, 本书难免有错误和不妥之处, 欢迎读者批评指正.

王晨豪

北京师范大学, 北师港浸大

2024 年 5 月

目　录

第 1 章　绪　　论

算法博弈论是一门计算机科学、经济学、博弈论等多学科的新兴交叉学科, 它的出现伴随着互联网的兴起. 算法博弈论的主要目标是在策略环境下设计和分析算法. 在策略环境中, 算法的输入依赖于博弈的参与人 (用户、玩家或智能体) 上报的信息, 而参与人对于算法的输出有着自私的兴趣, 即只关注自己的收益或费用, 而不关心其他人的. 出于自身利益的考虑, 参与人可能不会真实地报告自己的私人信息, 通过策略性地误报来影响算法输出, 可能会给自己带来更多的利益. 它已经成功应用在了包括在线广告、设施选址、网络构建、频谱定价、婚恋匹配、竞技游戏等诸多场景中. 算法博弈论的研究领域主要由紧密联系又互有重叠的三部分组成: 均衡计算、均衡性质分析、算法机制设计. 前两部分偏重于从"计算和分析"的角度来研究问题, 而第三部分则强调从"设计"的角度来研究问题. 一般来说, "分析"的角度主要指的是用博弈论的理论和工具来分析现有的算法, 比如证明纳什均衡的存在性、计算纳什均衡、分析均衡效率及无秩序代价、计算最佳响应的动态等. 而"设计"的角度指的是设计在博弈论和算法两方面都具有性质良好的博弈, 这个领域称为"算法机制设计"或简单地称为"机制设计". 除了经典算法设计中通常面临的要求 (比如多项式运行时间、良好近似比等) 之外, 设计者通常还需要保证博弈的参与人尽可能地说真话.

由于在算法博弈论中做出的奠基性工作, Elias Koutsoupias、Christos Papadimitriou、Noam Nisan、Amir Ronen、Tim Roughgarden 以及 Éva Tardos 等人荣获了 2012 年的哥德尔奖.

1.1 机制设计与设施选址博弈

机制设计是经济学中的一个子领域, 其关注于在包含理性参与人的策略环境下的优化. 由于设计机制的同时诱导出了一个博弈, 机制设计问题的研究方向与通常的博弈论相反, 因此又被称为反博弈论问题. 而算法机制设计进一步增加了对于计算复杂性的考虑.

通常, 所设计的机制既需要保证参与人真实地报告私人信息 (称该机制为*真实的*), 又需要具有良好性能. 在真实机制所导出的博弈中, 真实地报告私人信息是所有参与人的弱占优策略 (因此真实的机制也被称为*策略对抗的*), 从而所有人都说真话是博弈的一个纳什均衡. 而真实机制有良好性能则意味着这个纳什均衡有较高的效率, 能够较好地实现系统目标 (经典的系统优化目标包括最大化税收和最大化社会福利), 也即机制有较好的近似比.

作为机制的设计者, 需要最优化一个整体的系统目标, 而自利的博弈参与人想要最优化其个体目标. 整体目标与个体目标之间往往不能完全一致, 需要作出协调. 具体而言, 在算法博弈论中, 机制设计出现在策略环境中, 即不同的社会成员 (参与人) 都是自私的理性个体, 只关注自己的利益. 信息是非完全的, 因为这些社会成员拥有私人信息, 而不为决策人/设计者所知. 在制定政策时, 制定者通常希望这一政策能够自然地阻止成员们报告虚假的信息. 而真实机制的概念很好地刻画了这种情况, 在真实机制中, 讲真话是每个个体的 (弱) 支配策略, 因而可以安全地假设每个人都会使用该策略, 并且这个策略组合形成了纳什均衡. 另外, 机制需要对系统目标进行优化, 以实现社会效益, 这很好地映射到了对机制的算法研究中, 其中需要将纳什均衡导出的解与优化问题的最优解进行比较, 并分析近似比. 因此, 一个令人满意的机制通常需要是真实的、对于系统目标是高效的、运行时间是多项式的等.

从是否与报酬或补偿有关的角度出发, 可以将机制设计问题分为带支付的和不带支付的两大类. 带支付的机制设计被研究得更加广泛, 因为在现实中钱的使用无处不在, 其中最出色的结论当属 VCG 机制 [1-3], 当参与人的效用函数为拟线性时, 它可以保证真实性并使求和型的系统目标函数达到最优 (尽管其运行时间在很多情况下不能让人接受). 但在某些情况下, 金钱的交易是非法并被禁止的, 因而不带支付的机制设计也有其独特的价值.

Procaccia 和 Tennenholtz [4] 针对设施选址博弈 (facility location game, 或简称 flg), 首先提出了对于与支付无关的近似机制设计的研究, 其中机制的真实性由设计技巧来保证, 而无须依赖于支付或者价钱. 我们将文献 [4] 中研究的设施选址博弈模型称为经典模型, 它模拟了如图 1.1所示的场景: 政府 (决策人) 计划在一条街道上建立一个或者多个公共设施, 用以服务一些个体理性的居民. 这些居民的位置是他们各自的私人信息, 他们被要求将自己的位置报告给政府. 每个居民的费用是他与设施的最小距离, 并且每个居民都想要最小化他的个人费用. 收到居民们报告的私人信息后, 政府将会使用一个机制来将其映射到设施将要开设的位置. 机制的目标是优化某个特定的目标函数, 比如最小化所有居民的总费用或者最小化所有居民的最大费用. 由于所有的居民都知道政府将要采用的机制, 因此, 每个人都可能会通过谎报自己的私人信息来影响设施将要开设的位置, 从而减少自己承担的费用. 此外, 从优化系统目标的角度来评估一个机制的好坏, 主要由机制的近似比来决定: 一个机制的近似比定义为, 在最坏情况下, 机制输出解的社会费用

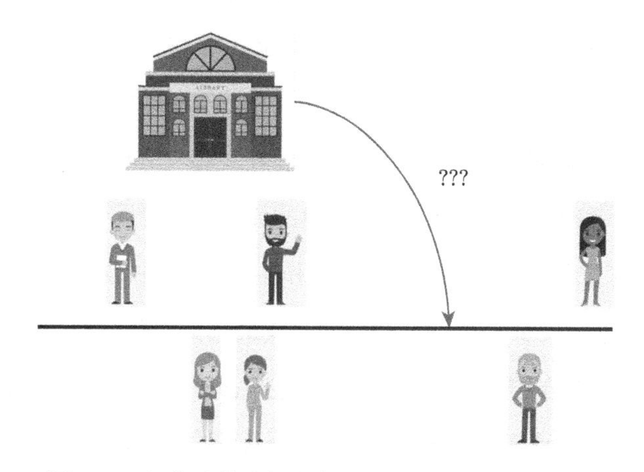

图 1.1　经典设施选址博弈: 在实线上选址建立设施

与最优解的社会费用的比值.

1.2 设施选址博弈的相关变形

在 Procaccia 和 Tennenholtz 的开创性工作 [4] 发表之后, 关于设施选址博弈机制设计的研究方法和结果如雨后春笋般涌现. 除了不同的网络和度量空间中的经典设施选址博弈模型之外, 设施选址博弈的各种变形也深受研究者的关注. 本书的第 3~6 章将介绍不同变种模型下设施选址博弈的机制设计. 下面我们给出初步的介绍.

在第 3 章, 我们介绍不同偏好信息下的设施选址博弈模型. 在经典模型中, 所有设施都是受欢迎的, 消费者希望离设施越近越好, 其费用定义为他与设施间的最小距离. 然而, 除了这种喜好型偏好之外, 消费者对设施也可能拥有其他的偏好类型. 例如, Cheng 等 [5] 首先研究了厌恶型设施选址博弈 (obnoxious facility location game), 其中设施如同垃圾站、污水处理厂等受到厌恶, 消费者希望远离该设施, 并且他与设施间的距离被当作他的效用. 此后, 文献 [6]~ [9] 考虑了异质的设施, 不同消费者对于同一个设施可能具有不同的偏好. 消费者拥有的私人信息既包括其位置, 也包括其偏好, 因此一个真实的机制必须保证消费者没有动机谎报其位置和偏好. 具体而言, 此类异质设施模型中最早被研究的是双重偏好模型 (dual preference model), 该模型由文献 [7] 和文献 [6] 分别独立提出, 其中每个消费者将设施分为喜好型 (desirable) 和非喜好型 (undesirable), 而其费用只跟喜好型设施与他的距离有关. 在可选偏好模型 (optional preference model) 中 [8,9], 每个消费者向机制报告他所感兴趣的设施, 其费用是他与自己感兴趣的设施的距离之和. 可选偏好模型在文献 [10] 和文献 [11] 中被进一步拓展, 消费者的费用被定义为他与自己感兴趣的、最近的 (或最远的) 设施的距离.

在第 4 章, 我们介绍不同动机因素和约束条件下的设施选址博弈模型. 在经典模型中, 每个消费者拥有一个位置, 并且也只能向机制报告一个位置.Procaccia 和 Tennenholtz 在文献 [4] 中还考虑了一种自然的拓展, 即每个消费者控制多个位置, 其费用是从他的位置到设施的总距离或最大距离.Hossain 等 [12] 进一步假设每个消费者可以控制多个不同权重的位置, 并且还有可能隐藏某些位置.Yan 和 Chen [13] 假设消费者可以复制其位置. 除了多个位置之外, 另一类重要的动机因素是假名操纵 (false-name manipulation), 其中消费者可以通过伪造身份来多次报告信息, 比如一个消费者可以报告多个电子邮箱地址或者重复登录一项在线服务等. 如果一个机制能够保证没有消费者能通过多次报告信息来获益, 则称之为假名对抗的 (false-name-proof). 不难看出, 假名对抗是一个比策略对抗更强的概念. 针对设施选址博弈的假名对抗机制设计由 Todo 等 [14] 首先提出.

在经典模型中, 设施可以开设在任意位置, 并且可以服务任意多的消费者, 但在实际场景中可能会受到多类约束的限制. 例如, 公交站必须开设在道路两旁, 一些已经建有房屋、公共绿地的位置不允许再重复建设, 因此空间中允许建立设施的位置可能是受限的 [15].Tang 等 [16] 考虑了设施可开设的位置是一个有限集合的情形. 而 Walsh[17] 考虑了一种更一般的情形, 即设施可开设的位置是一些子区间的有限集合. 在实际场景中, 设施之间还可能存在距离限制, 比如两个设施不能相距太近或者不能相距太远.Zou 和 Li[7] 考虑了一类双设施选址博弈, 其中一个设施为喜好型, 另一个设施为厌恶型, 两个设施之间的距离不能超过某个给定值, 而消费者的效用等于与厌恶型设施的距离减去与喜好型设施的距离. 随后, 文献 [18] 和文献 [19] 考虑对上述距离限制进行松弛, 并施加一个线性的惩罚函数. Xu 等 [20] 则考虑上述距离限制的对立面, 即两个设施之间的距离不能低于某个给定值. Xu 等 [21] 还考虑了两个设施之间的距离必须严格等于某个给定值的情形. 在实际场景中, 设施可能还会有容量限制, 即每个设施可服务的消费者数量不能超过该设施本身的容量. 此类带容量限制的设施选址博弈由 Aziz 等 [22] 首次研究, 他们考虑了实线上的单设施选址博弈, 对于策略对抗的机制提供了一个完全的刻画. 此外, Aziz 等 [23] 还考虑了多设施的模型, 其中每个设施具有不同的容量限制, 并提出了具有最好可能近似比的机制.

此外还有一些设施选址博弈模型中不属于上述分类范畴的其他变形. 首先, 多种系统目标函数受到不同程度的关注. 比如: 除了最小化总费用和最小化最大费用之外, Feldman 和 Wilf [24] 研究的目标函数为最小化费用的平方和; Cai 等 [25] 研究了最小化最大嫉妒值, 其中一个消费者对另一个消费者的嫉妒值定义为他们各自与设施距离的差; Ding 等 [26] 和 Liu 等 [27] 研究了最小化嫉妒比, 其中嫉妒比定义为任意两个消费者效用的最大比值; Mei 等 [28] 研究的系统目标是最大化所有消费者的总快乐指数, 而每个消费者的个体目标是最大化其快乐指数. 然后, 分布式设施选址是一个很有潜力的变种模型.Filos-Ratsikas 和 Voudouris[29] 给出了一种设施位置由分布式过程来决定的模型: 首先, 每个群体 (或地区) 内的消费者决定一个代表位置, 然后机制从代表集合中确定一个位置, 而不考虑消费者的实际位置. 他们证明了该问题对于最小化总费用的最好可能近似比是 3. 此外, 其他变形和研究方向还包括外部性特征 [30]、加权的消费者 [31]、加和形式的近似比 [32]、自动机制设计 [33,34] 等.

以上提到的所有设施选址博弈模型都是关于无支付机制设计的, 而带支付的机制设计也同样适用于设施选址博弈.Archer 和 Tardos[35] 研究了如下带支付的模型: 考虑一组设施持有者和一组消费者, 设施持有者是博弈的参与人, 需要报告其建造的私人成本. 一旦收到所有设施持有者的报告, 机制需要选择一部分设施进行建设, 并通过付款对这些设施持有者进行货币补偿, 以保证报告的真实性. 他们证明, 任何解决无容量限制设施选址问题 (uncapacitated facility location problem) 的精确算法都能导出一个对应的真实机制.

本书第 5 章和第 6 章考虑带支付的机制设计. 第 5 章关注 Chen 等 [36] 提出的一种双重角色的带支付模型, 其中每个博弈参与人同时拥有设施持有人和消费者的角色, 具体而言, 每个参与人在度量空间中拥有一个公开的位置, 并允许设施在他的位置建立, 开设费用是其私人信息, 每个参与人会策略性地将私人信息报告给机制. 此外, 每个参与人承担的服务费用等于他与开放设施之间的最小距离. 第 6 章关注 Li 等 [37] 提出的一种具有严格预算约束和策略性设施的带支付模型, 其中个体理性的设施持有者是博弈的参与人, 他们拥有一个开设费用, 并且机制的总支付不能超过给定的预算.

第 2 章 经典设施选址博弈模型

经典的设施选址博弈模拟了如下场景: 政府计划在一条街道或一个度量空间中建造一些公共设施, 用以服务一些个体理性的消费者. 消费者承担着一个服务费用 (或称作连接费用), 服务费用等于他与最近的开设设施之间的距离. 作为具有策略行为的参与人, 消费者将自己的位置当作私人信息, 并且策略性地汇报给政府, 从而最小化自己的服务费用. 在收到报告的信息之后, 政府将使用一个机制, 将其映射到度量空间中的一些可以用来开设设施的位置. 机制的目标是最优化一个具体的系统目标函数, 比如最小化所有消费者的总费用或者最大费用, 同时机制需要保证真实地报告私人信息是每个消费者的占优策略. 我们下面叙述其数学模型.

令 (M, d) 为一个度量空间, 其中 M 是一个点集合, $d: M \times M \to \mathbb{R}$ 是一个满足三角不等式的距离函数. 定义 $d(a, X) = \min_{x \in X} d(a, X)$ 为点 $a \in M$ 与集合 $X \subseteq M$ 中的点的最近距离. 令 n 个消费者的集合为 $N = \{1, 2, \cdots, n\}$, 每个消费者的位置都位于点集 M 中. 我们使用 $\boldsymbol{x} = (x_1, \cdots, x_m) \in M^n$ 来表示这 n 个消费者的位置组合. 在一个k-设施选址问题中, 想要在 M 中选择 k 个设施的位置, 机制则是用于决策的一组规则.

定义 2.1 (机制) 一个确定性机制是一个函数 $f: M^n \to M^k$, 它将消费者位置组合 $\boldsymbol{x}$ 映射到 k 个设施位置上. 一个随机机制是一个函数 $f: M^n \to \Delta(M^k)$, 它将消费者位置组合 $\boldsymbol{x}$ 映射到 M^k 的一个概率分布上.

给定 k 个设施的位置组合 $f(\boldsymbol{x})$, 每个消费者 $i \in N$ 都承受一个费用 $c(f(\boldsymbol{x}), x_i)$. 通常, 该费用定义为消费者与最近的设施位置之间的距离, 即

$$c(f(\boldsymbol{x}), x_i) = \min_{y \in f(\boldsymbol{x})} d(x_i, y)$$

当 $f(\boldsymbol{x})$ 是关于 k 个设施位置组合的概率分布时, 考虑消费者在期望意义下的费用, 即

$$c(f(\boldsymbol{x}), x_i) = \mathop{\mathbb{E}}_{\boldsymbol{y} \sim f(\boldsymbol{x})} c(\boldsymbol{y}, x_i)$$

在设施选址博弈中, 每个消费者 $i \in N$ 的位置是其私人信息, 他可以策略性地将这个信息报告给机制, 也就是说, 不必如实汇报其位置信息. 我们考虑能够保证所有消费者都诚实地汇报的机制: 称一个机制是*策略对抗的* (stratgyproof), 如果没有人能通过谎报来获益, 无论其他人是怎样报告的.

定义 2.2 (策略对抗) *一个机制 f 是策略对抗的, 如果对于所有的位置组合 $\boldsymbol{x} \in M^n$, 所有消费者 $i \in N$ 以及他的任意策略 $x_i' \in M$, 都满足*

$$c(f(\boldsymbol{x}), x_i) \leqslant c(f(x_i, \boldsymbol{x}_{-i}), x_i)$$

其中 $\boldsymbol{x}_{-i}$ 是除 i 外其他人的位置组合.

比策略对抗更强的一个概念是*群体策略对抗* (group strategyproof), 是指对于任意位置组合 $\boldsymbol{x} \in M^n$ 和任意消费者群体 $S \subseteq N$, 这个群体中的消费者不可能联合起来使得每个群体成员都受益, 即

$$\forall\, \boldsymbol{x}_S', \exists\, i \in S \text{ 使得 } c(f(\boldsymbol{x}), x_i) \leqslant c(f(\boldsymbol{x}_S', \boldsymbol{x}_{-S}), x_i)$$

不难看出, 当群体 S 的大小限制为 1 时, 群体策略对抗的概念就退化成了策略对抗.

此外, 我们还对*匿名的* (anonymous) 机制感兴趣, 它不对消费者的身份进行任何区分.

定义 2.3 (匿名) *一个机制 f 是匿名的, 如果对于所有的位置组合 $\boldsymbol{x}$ 和对于 N 中的置换 π, 都满足*

$$f(\boldsymbol{x}) = f(x_{\pi(1)}, x_{\pi(2)}, \cdots, x_{\pi(n)})$$

考虑两种广为研究的**目标函数**: 最小化社会费用和最小化最大费用. 正式而言, 给定消费者位置组合 $\boldsymbol{x} \in M^n$ 和设施位置组合 $\boldsymbol{y} \in M^k$, 社会费用 (或称为总

费用) 定义为所有消费者的费用总和, 即

$$\mathrm{SC}(\boldsymbol{y},\boldsymbol{x})=\sum_{i\in N}c(\boldsymbol{y},x_i)$$

而最大费用定义为所有消费者费用中的最大值, 即

$$\mathrm{MC}(\boldsymbol{y},\boldsymbol{x})=\max_{i\in N}c(\boldsymbol{y},x_i)$$

上述定义在 $\boldsymbol{y}$ 是设施位置组合的概率分布时同样成立. 在经济学中, 社会费用类比于功利性 (utilitarian) 的社会福利, 而最大费用则类比于平等性 (egalitarian) 的社会福利.

通常, 由于策略对抗性的限制, 一个策略对抗机制无法精确地输出最小化目标函数的最优解, 因而考虑近似最优解, 让策略对抗机制 f 所输出的解 $\boldsymbol{y}\in M^k$ 使得目标函数 $\mathrm{SC}(\boldsymbol{y},\boldsymbol{x})$ 或 $\mathrm{MC}(\boldsymbol{y},\boldsymbol{x})$ 尽可能小. 我们采用标准术语——近似比来衡量一个机制的输出在目标函数方面的表现, 它定义为在最坏情况下, 机制所输出解的目标函数值与最优目标函数值的比值. 称一个机制 f 对于最小化总费用具有近似比 $\alpha\geqslant 1$, 如果对于任何位置组合 $\boldsymbol{x}\in M^n$ 都有

$$\mathrm{SC}(f(\boldsymbol{x}),\boldsymbol{x})\leqslant\alpha\cdot\min_{\boldsymbol{y}\in M^k}\mathrm{SC}(\boldsymbol{y},\boldsymbol{x})$$

类似地, 称 f 对于最小化最大费用具有近似比 $\alpha\geqslant 1$, 如果对于任何 $\boldsymbol{x}\in M^n$ 都有

$$\mathrm{MC}(f(\boldsymbol{x}),\boldsymbol{x})\leqslant\alpha\cdot\min_{\boldsymbol{y}\in M^k}\mathrm{MC}(\boldsymbol{y},\boldsymbol{x})$$

受到广泛研究的问题是, 如何设计具有尽可能小的近似比的策略对抗机制? 首先, 注意到策略对抗性是一种相当严格和脆弱的属性, 因为它需要对每个可能的问题实例都保证对策略性行为的鲁棒性, 这使得设计具有优良近似比的策略对抗机制更具挑战性. 举例而言, 考虑在实线上的单设施选址博弈, 即 $M=\mathbb{R},k=1$. 当目标函数为最小化最大费用, 并且只有 $n=2$ 个消费者时, 不难看出最优解是将设施开设在两个消费者的中间位置, 即 $f(\boldsymbol{x})=\dfrac{x_1+x_2}{2}$. 然而, 始终输出最

优解的机制并不是策略对抗的, 因为如果靠左边的消费者 1 将自己的位置报告为 $x_1' = 2x_1 - x_2$, 该机制将输出 $\frac{x_1' + x_2}{2} = x_1$, 这正是消费者 1 的真实位置, 意味着他通过谎报信息操纵了机制的输出结果, 使得自己的费用变成了 0! 以图 2.1 为例.

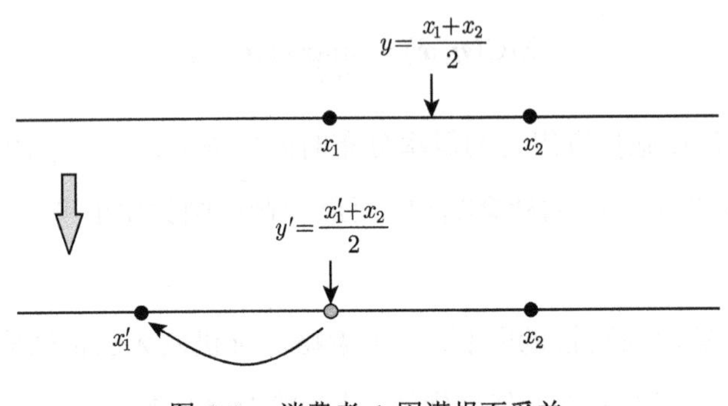

图 2.1　消费者 1 因谎报而受益

克服策略对抗性对近似比造成的障碍的一种常见手段是随机化. 对于随机算法, 其策略对抗性是定义在期望意义下的, 这是一种稍微较弱的定义, 使得它相较于确定性算法而言更容易取得比较好的近似比.

在克服这些挑战之前, 我们先来看一个有趣的命题. 称一个机制 f 是部分群体策略对抗的 (partially group strategyproof), 如果任意位于同一位置的消费者群体不可能联合起来使得每个群体成员都受益, 即

$$\forall\ \boldsymbol{x}_S = (x, \cdots, x), \forall\ \boldsymbol{x}_S',\ c(f(\boldsymbol{x}_S, \boldsymbol{x}_{-S}), x) \leqslant c(f(\boldsymbol{x}_S', \boldsymbol{x}_{-S}), x_i)$$

显然群体策略对抗的概念要强于部分群体策略对抗, 而后者又强于策略对抗.Lu 等 [38] 证明了如下命题.

命题 2.1　在 k-设施选址问题中, 一个策略对抗机制必定是部分群体策略对抗的.

证明　设群体 $S = \{1, 2, \cdots, l\}$, 每个群体成员 $i \in S$ 的真实位置为 $x_i = x$, 在 $\boldsymbol{x}_S'$ 中报告的位置为 x_i'. 考虑一系列问题实例:

$$P_i\ (0 \leqslant i \leqslant l) \begin{cases} \text{消费者 } j \text{ 报告 } x, \text{ 如果 } 1 \leqslant j \leqslant i \\ \text{消费者 } j \text{ 报告 } x'_i, \text{ 如果 } i < j \leqslant l \\ \text{其他消费者报告 } \boldsymbol{x}_{-S} \end{cases}$$

由定义可知,

$$c(f(P_l), x) = c(f((x, \cdots, x), \boldsymbol{x}_{-S}), x)$$

$$c(f(P_0), x) = c(f(\boldsymbol{x}'_S, \boldsymbol{x}_{-S}), x)$$

我们只需证明 $c(f(P_l), x) \leqslant c(f(P_0), x)$.

在实例 $P_i(1 \leqslant i \leqslant l)$ 中, 消费者 i 的位置是 x. 我们考虑消费者 i 谎报自己位置为 x'_i 的情形, 此时实例恰好变为了 P_{i-1}. 由策略对抗性可知, 消费者 i 无法从该谎报中受益, 因此有 $c(f(P_i), x) \leqslant c(f(P_{i-1}), x)$. 将这些不等式对于所有的 $i = 1, 2, \cdots, l$ 求和, 我们得到 $c(f(P_l), x) \leqslant c(f(P_0), x)$, 得证. □

我们将在接下来的章节中详细介绍在实线上的经典设施选址博弈中确定性的和随机的策略对抗机制. 实线不仅是一种非常简单的网络结构, 还捕捉了许多真实世界的设定, 因而具有广泛的应用性. 比如, 在现实中的设施选址问题中, 很多时候需要沿着一条街道、一条高速公路或者一条河流建造设施.

2.1　单设施模型

考虑一种最简单的模型——实线上的单设施选址博弈模型, 即 $M = \mathbb{R}, k = 1$. 实线上的距离函数为欧氏距离, 即 $d(a, d) = |a - b|$. Procaccia 和 Tenneholtz 在他们对于近似机制设计的开创性工作 [4] 中提出并研究了这个模型. 本节中的所有结果都来源于文献 [4].

2.1.1　最小化社会费用

对于最小化社会费用的目标函数, 我们首先注意到最优解是选择消费者位置的中位点来开设设施. 具体而言, 给定 n 个消费者的位置组合 $\boldsymbol{x} = (x_1, x_2, \cdots, x_n)$, 若 $n = 2t + 1$ 是奇数, 则消费者位置的中位点为 x_{t+1}; 若 $n = 2t$ 是偶数, 则消费者位置的中位点为 x_t 和 x_{t+1}, 并且在区间 $[x_t, x_{t+1}]$ 中的任何一点都是最优解 (以图 2.2为例). 考虑始终输出中位点的如下机制.

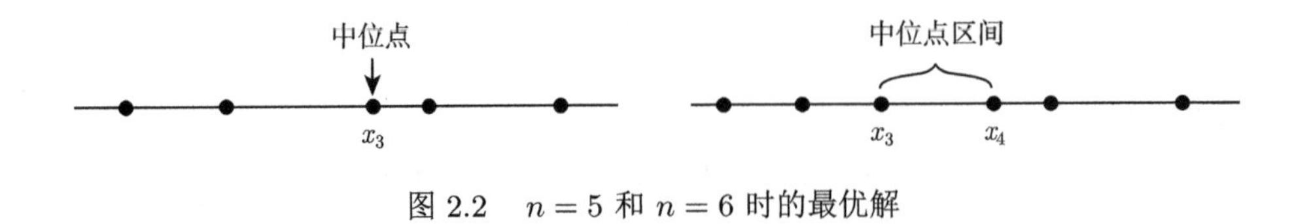

图 2.2 $n=5$ 和 $n=6$ 时的最优解

机制 2.1 (中位点机制) 给定 n 个消费者的位置组合 $\boldsymbol{x}=(x_1, x_2, \cdots, x_n)$, 输出其中位点 $\mathrm{med}(\boldsymbol{x})$ 作为设施位置. 当有多个中位点时, 输出最左端的.

下面证明中位点机制不仅是最优的, 还是群体策略对抗的.

定理 2.1 对于实线上的单设施选址问题, 中位点机制最小化社会费用, 且是群体策略对抗的.

证明 对于最优性, 考虑在中位点左侧的任一点y. 注意到所有位于中位点右侧的消费者在 $\mathrm{med}(\boldsymbol{x})$ 中的费用都比在 y 中的费用低$\mathrm{med}(\boldsymbol{x})-y$, 而所有位于中位点左侧的消费者在 $\mathrm{med}(\boldsymbol{x})$ 中的费用都比在 y 中的费用至多大$\mathrm{med}(\boldsymbol{x})-y$, 因此所有消费者在 $\mathrm{med}(\boldsymbol{x})$ 中的总费用都不高于在 y 中的费用. 同理可得, 对于在中位点右侧的任一点, 所有消费者在 $\mathrm{med}(\boldsymbol{x})$ 中的总费用也不会更高. 因此 $\mathrm{med}(\boldsymbol{x})$ 是最优解.

对于群体策略对抗性, 考虑任一消费者群体 $S \subseteq N$, 显然只有当全体成员都在 $\mathrm{med}(\boldsymbol{x})$ 的一侧时, 才有可能通过谎报使得每个成员都受益. 不妨设 S 中全体成员都在 $\mathrm{med}(\boldsymbol{x})$ 左侧. 要想受益, 则必须使得机制输出的解向 $\mathrm{med}(\boldsymbol{x})$ 的左侧移动, 然而, 由于这些成员都位于 $\mathrm{med}(\boldsymbol{x})$ 左侧, 因此他们的任何策略都无法达到该目的. □

由于中位点机制是确定性的, 已经达到最优, 因此无须再考虑随机机制.

注意到在实线上的单设施选址模型中, 消费者具有单峰偏好 (single-peaked preference), 粗略而言, 每个消费者都有自己最喜爱的一个点 (即其自身位置), 其他点距离该点越近, 越受该消费者喜爱. 具有单峰偏好的社会选择问题早已被广泛研究[39], 而设施选址问题只是其中的一个特例, 中位点机制以及更一般化的第 k 顺序统计量机制的群体策略对抗性也已广为人知.

2.1.2 最小化最大费用

最小化最大费用的问题将变得不再平凡, 我们已经在图 2.1中说明了该问题不存在能达到最优解的策略对抗机制. 首先考虑确定性机制. 给定位置组合 $\boldsymbol{x} \in \mathbb{R}^n$, 令 $\mathrm{lt}(\boldsymbol{x}) = \min\limits_{i \in N} x_i$ 为最左端消费者的位置, 令 $\mathrm{rt}(\boldsymbol{x}) = \max\limits_{i \in N} x_i$ 为最右端消费者的位置, 定义区间 $[\mathrm{lt}(\boldsymbol{x}), \mathrm{rt}(\boldsymbol{x})]$ 的中点为 $\mathrm{cen}(\boldsymbol{x}) = (\mathrm{lt}(\boldsymbol{x}) + \mathrm{rt}(\boldsymbol{x}))/2$. 给定 $\boldsymbol{x}$, 显然最优解是 $\mathrm{cen}(\boldsymbol{x})$.

一个平凡的群体策略对抗机制是输出第 k 顺序统计量, 对于某个 $k \in \{1, 2, \cdots, n\}$. 当 k 被选取为 $\left\lceil \dfrac{n}{2} \right\rceil$ 时, 即对应了中位点机制. 在这里, 我们考虑第 1 顺序统计量, 即 $\mathrm{lt}(\boldsymbol{x})$.

机制 2.2 (左端点机制)　*给定 n 个消费者的位置组合 $\boldsymbol{x} = (x_1, x_2, \cdots, x_n)$, 输出其左端点 $\mathrm{lt}(\boldsymbol{x})$.*

定理 2.2　*对于实线上的单设施选址问题, 左端点机制是群体策略对抗的, 且对于最小化最大费用是 2-近似的.*

不难看出, 最优的最大费用等于 $\dfrac{\mathrm{rt}(\boldsymbol{x}) - \mathrm{lt}(\boldsymbol{x})}{2}$, 而区间 $[\mathrm{lt}(\boldsymbol{x}), \mathrm{rt}(\boldsymbol{x})]$ 中任意一点导出的最大费用都不会超过最优值的两倍, 所以是 2-近似的. 因此上述定理对于任何第 k 顺序统计量机制都成立.

接下来, 我们考虑确定性机制的近似比下界, 即证明任何确定性机制的近似比都不可能小于该下界. 通常证明此类下界的方法是首先假设存在好于该下界的机制, 然后再通过实例构造, 诱导出与策略对抗性的矛盾.

定理 2.3　*对于实线上的单设施选址问题, 任何确定性策略对抗机制对于最小化最大费用的近似比都至少是 2.*

证明　首先考虑 $n = 2$ 的情形, 然后再推广到一般情形. 假设存在一个策略对抗机制 $f : \mathbb{R}^n \to \mathbb{R}$ 具有小于 2 的近似比. 考虑一个位置组合 $\boldsymbol{x} = (x_1, x_2) =$

$(0,1)$. 不失一般性地假设该机制输出的解位于 $\frac{1}{2}$ 点或其右侧, $f(\boldsymbol{x})=\frac{1}{2}+\epsilon, \epsilon \geqslant 0$. 现在考虑另一个位置组合 $\boldsymbol{x}'=(x_1,x_2')$, 其中 $x_1=0, x_2'=\frac{1}{2}+\epsilon$. 对于 $\boldsymbol{x}'$ 的最优解显然是 $\frac{1}{4}+\frac{\epsilon}{2}$, 最优的最大费用是 $\frac{1}{4}+\frac{\epsilon}{2}$. 因为 f 的近似比严格小于 2, 所以 $f(\boldsymbol{x}')$ 必须位于区间 $\left(0, \frac{1}{2}+\epsilon\right)$ 中, 此时消费者 2 的费用 $|x_2'-f(\boldsymbol{x}')|$ 严格大于 0. 然而, 若消费者 2 谎报自己的位置为 1, 则由实例 $\boldsymbol{x}$ 可知, 机制 f 将会输出消费者 2 的真实位置 $\frac{1}{2}+\epsilon$ 为解, 此时消费者 2 的费用减为 0. 这与 f 的策略对抗性矛盾.

要将上述结论推广到一般情形, 只需考虑 $N\backslash\{1,2\}$ 中的所有消费者都位于 $\frac{1}{2}$ 点处, 其他讨论不变. □

综合定理 2.2和定理 2.3, 可得到关于确定性机制的紧的近似比上下界. 接下来考虑随机机制. 下面的随机机制将允许我们打破确定性机制的近似比下界 2.

机制 2.3 (左右中机制) *给定 n 个消费者的位置组合 $\boldsymbol{x}$, 以 $\frac{1}{4}$ 概率输出左端点 $\mathrm{lt}(\boldsymbol{x})$, 以 $\frac{1}{4}$ 概率输出右端点 $\mathrm{rt}(\boldsymbol{x})$, 以 $\frac{1}{2}$ 概率输出 $\mathrm{cen}(\boldsymbol{x})$.*

定理 2.4 *对于实线上的单设施选址问题, 左右中机制是随机的、群体策略对抗的, 且对于最小化最大费用是 $\frac{3}{2}$-近似的.*

证明 不失一般性地假设 $\mathrm{lt}(\boldsymbol{x})=0, \mathrm{rt}(\boldsymbol{x})=1$. 首先证明机制的近似比. 最优解的最大费用为 $\frac{1}{2}$, 而机制输出解的 (期望) 最大费用为

$$\frac{1}{4}\times 1+\frac{1}{4}\times 1+\frac{1}{2}\times\frac{1}{2}=\frac{3}{4}$$

因此该机制的近似比为 $\frac{3}{2}$.

接下来证明群体策略对抗性. 令 $S\subseteq N$ 为任一消费者群体, 想要说明 S 中的群体成员不可能通过谎报来同时受益. 一个关键的观察是, 给定 $\boldsymbol{x}$, 只有影响到极值点 $\mathrm{lt}(\boldsymbol{x})$ 和 $\mathrm{rt}(\boldsymbol{x})$ 的报告才有可能影响到机制的输出, 而其他点对机制输出不会产生任何影响. 对于任何谎报而言, $\mathrm{lt}(\boldsymbol{x})$ 在真实汇报的基础上向右移动的唯一情形是某个 S 中的成员位于 $\mathrm{lt}(\boldsymbol{x})$ 点处, 而 $\mathrm{rt}(\boldsymbol{x})$ 向左移动的唯一情形是某个 S 中

的成员位于 $\mathrm{rt}(\boldsymbol{x})$ 点处.

令 $\boldsymbol{x} \in \mathbb{R}^n$ 为真实的位置组合, $\boldsymbol{x}' \in \mathbb{R}^n$ 为谎报后的位置组合, 其中对于任意 $i \notin S$, 都有 $x_i' = x_i$. 此外, 令 $\Delta_1 = \mathrm{lt}(\boldsymbol{x}) - \mathrm{lt}(\boldsymbol{x}')$, $\Delta_2 = \mathrm{rt}(\boldsymbol{x}') - \mathrm{rt}(\boldsymbol{x})$. 以下分四种情形讨论.

情形 1　$\Delta_1 \geqslant 0$ 且 $\Delta_2 \geqslant 0$. 该情形下左端点向左移动了, 右端点向右移动了. 对于 $i \in S$, 我们有

$$
\begin{aligned}
c(f(\boldsymbol{x}'), x_i) = & \frac{1}{4} \cdot (x_i - \mathrm{lt}(\boldsymbol{x}) + \Delta_1) + \frac{1}{4} \cdot (\mathrm{rt}(\boldsymbol{x}) - x_i + \Delta_2) + \\
& \frac{1}{2} \cdot \left| x_i - \frac{\mathrm{lt}(\boldsymbol{x}) - \Delta_1 + \mathrm{rt}(\boldsymbol{x}) + \Delta_2}{2} \right| \\
& \geqslant \frac{1}{4} \cdot (x_i - \mathrm{lt}(\boldsymbol{x})) + \frac{1}{4} \cdot (\mathrm{rt}(\boldsymbol{x}) - x_i) + \frac{1}{2} \cdot \left| x_i - \frac{\mathrm{lt}(\boldsymbol{x}) + \mathrm{rt}(\boldsymbol{x})}{2} \right| \\
& = c(f(\boldsymbol{x}), x_i)
\end{aligned}
$$

情形 2　$\Delta_1 < 0$ 且 $\Delta_2 \geqslant 0$. 该情形下左端点向右移动了, 右端点也向右移动了. 此时必有某个成员位于 0 点处. 不难看出, 该成员的费用必定是增多的, 因为 $f(\boldsymbol{x}')$ 中可能输出的三个点相较于 $f(\boldsymbol{x})$ 的三个点而言, 在不同程度上向右偏离了, 即远离了该成员本身的位置.

情形 3　$\Delta_1 \geqslant 0$ 且 $\Delta_2 < 0$. 此情形与情形 2 对称, 结论直接可得.

情形 4　$\Delta_1 < 0$ 且 $\Delta_2 < 0$. 该情形下左端点向右移动了, 右端点向左移动了. 此时必有某个成员位于 0 点处, 某个成员位于 1 点处. 我们说明他们不能同时获益:

$$
\begin{aligned}
c(f(\boldsymbol{x}'), 0) &= \frac{1}{4} \cdot \Delta_1 + \frac{1}{4} \cdot (1 - \Delta_2) + \frac{1}{2} \cdot \frac{\Delta_1 + 1 - \Delta_2}{2} \\
&= c(f(\boldsymbol{x}), 0) + \frac{\Delta_1 - \Delta_2}{2}
\end{aligned}
$$

类似地, 我们有

$$
c(f(\boldsymbol{x}'), 1) = c(f(\boldsymbol{x}), 1) + \frac{\Delta_2 - \Delta_1}{2}
$$

所以可得

$$c(f(\boldsymbol{x}'),0)+c(f(\boldsymbol{x}'),1)=c(f(\boldsymbol{x}),0)+c(f(\boldsymbol{x}),1)$$

因此这两个成员不可能同时减少自己的费用. □

我们证明定理 2.4中的近似比 $\frac{3}{2}$ 对于随机算法是紧的.

定理 2.5 对于实线上的单设施选址问题, 任何随机的策略对抗机制对于最小化最大费用的近似比都至少是 $\frac{3}{2}$.

证明 首先对两个消费者的情形给出一些初步观察. 令 $N=\{1,2\}$, $\boldsymbol{x}\in\mathbb{R}^2$. 对于任意设施位置 $y\in\mathbb{R}$, 产生的最大费用都是 $\left|y-\frac{x_1+x_2}{2}\right|+\frac{|x_1-x_2|}{2}$. 考虑实线 $\mathbb{R}$ 上的任一概率分布 P, 产生的期望最大费用是

$$\mathop{\mathbb{E}}_{y\sim P}\left[\left|y-\frac{x_1+x_2}{2}\right|+\frac{|x_1-x_2|}{2}\right]=\mathop{\mathbb{E}}_{y\sim P}\left[\left|y-\frac{x_1+x_2}{2}\right|\right]+\frac{|x_1-x_2|}{2} \tag{2.1}$$

令 Y 是服从概率分布 P 的随机变量, 定义随机变量 $X_1=|Y-x_1|$, $X_2=|Y-x_2|$. 于是有

$$\mathbb{E}[X_1]+\mathbb{E}[X_2]=\mathbb{E}[X_1+X_2]\geqslant|x_1-x_2|$$

所以必定存在一个消费者 $i\in\{1,2\}$ 满足

$$\mathop{\mathbb{E}}_{y\sim P}[|y-x_i|]\geqslant\frac{|x_1-x_2|}{2}$$

假设 f 是一个随机的策略对抗机制, 其近似比小于 $\frac{3}{2}$. 考虑问题实例 $\boldsymbol{x}\in\mathbb{R}^2$, $x_1=0$, $x_2=1$. 由上述观察可知, 存在一个消费者, 不妨设为消费者 2, 使得 $c(f(\boldsymbol{x}),x_2)\geqslant\frac{1}{2}$. 接下来考虑另一个问题实例 $\boldsymbol{x}'=(x_1,x_2')$, 其中 $x_2'=2$. 该实例的最优最大费用为 1, 由 f 的近似比可知, $f(\boldsymbol{x}')$ 的期望最大费用严格小于 $\frac{3}{2}$. 再由式 (2.1) 可得,

$$\mathop{\mathbb{E}}_{y\sim f(\boldsymbol{x}')}\left[\left|y-1\right|\right]<\frac{1}{2}$$

也就是说, $f(\boldsymbol{x}')$ 与点 1 的期望距离小于 $\frac{1}{2}$. 因此, 回到实例 $\boldsymbol{x}$, 消费者 2 有动机谎报自己的位置为 $x_2'=2$, 从而减少自己的费用. 这与机制的策略对抗性矛盾.

上述对于两个消费者的分析可以轻松推广到一般的情形, 只需要将其他消费者的位置设定在 $\frac{1}{2}$ 处即可. □

综上可知, 对于实线上的单设施选址博弈的策略对抗机制, 无论是确定性机制还是随机机制, 对两种目标函数的近似比都是紧的, 结论汇总在表 2.1.

表 2.1　单设施选址博弈中策略对抗机制的近似比上界和下界 [4]

目标函数	确定性机制	随机机制
社会费用	最优	最优
最大费用	上界: 2	上界: 1.5
	下界: 2	下界: 1.5

2.2　双设施模型

假设决策者需要在实线上开设 $k=2$ 个设施. 一个机制 f 将消费者位置组合 $\boldsymbol{x}=(x_1,x_2,\cdots,x_n)\in\mathbb{R}^n$ 映射到两个设施将要开设的位置 $f(\boldsymbol{x})\in\mathbb{R}^2$. 每个消费者的费用是他与最近的设施的距离. 与单设施模型中所有上下界都是紧的不同, 在双设施模型中, 当前最好的随机机制的近似比上界与下界尚有一定差距, 亟待研究者们后续改进.

2.2.1　最小化社会费用

对于最小化社会费用的目标函数, 最优解可以在多项式时间内计算出来. 给定消费者位置组合 $\boldsymbol{x}$, 设最优解为 $(y_1,y_2)\in\mathbb{R}^2$, 且不妨设 $y_1\leqslant y_2$. 定义一个多重集合 $L(\boldsymbol{x})\subsetneqq\{x_1,\cdots,x_n\}$ 为在最优解中所有由设施 y_1 服务的消费者位置, 同样, 定义多重集合 $R(\boldsymbol{x})\subsetneqq\{x_1,\cdots,x_n\}$ 为所有由设施 y_2 服务的消费者位置.$L(\boldsymbol{x})$ 和 $R(\boldsymbol{x})$ 对 $\{x_1,\cdots,x_n\}$ 构成了一个划分, 并且对任意的 $x_i\in L(\boldsymbol{x})$, $x_j\in R(\boldsymbol{x})$, 都有 $x_i\leqslant x_j$. 由最优性可知, y_1 是 $L(\boldsymbol{x})$ 的中位点, 而 y_2 是 $R(\boldsymbol{x})$ 的中位点. 我们只需遍历关于 $L(\boldsymbol{x})$ 和 $R(\boldsymbol{x})$ 的所有 $n-1$ 种取法, 即可找到最优解. 该算法的时间复杂度为 $O(n^2)$. 然而, 它并不能保证策略对抗性.

Procaccia 和 Tennenholtz[4] 证明了任意确定性的策略对抗机制都不会有比 $\frac{3}{2}$

更小的近似比, 并且一个机制选择最左端和最右端的消费者位置来开设设施, 可以有 $n-2$ 的近似比. 不久后, Lu 等 [40] 将确定性机制的下界由 $\frac{3}{2}$ 改进到了 2, 又在文献 [38] 中将下界改进到 $\frac{n-1}{2}$.2014 年, Fotakis 和 Tzamos [41] 证明了紧的确定性机制下界 $n-2$. 随机机制可以显著地改进确定性机制中线性的上界. Lu 等 [40] 首先给出了随机机制的近似比上界 $\frac{n}{2}$ 和下界 1.045, 又在文献 [38] 中提出了一个具有近似比 4 的随机机制.

上述结论汇总在表 2.2中. 我们接下来针对其中一些结论给出具体的证明.

表 2.2　双设施选址博弈中策略对抗机制的近似比上界和下界

目标函数	确定性机制	随机机制
社会费用	上界: $n-2$	上界: 4
	下界: $n-2$	下界: 1.045
最大费用	上界: 2	上界: 5/3
	下界: 2	下界: 1.5

首先考虑一个简单的确定性机制, 它将两个设施开设在最左端和最右端的消费者位置上. 该机制是群体策略对抗的, 对于最小化社会费用的目标函数有线性的近似比 $n-2$[4], 并且该近似比不能被任何确定性机制改进 [41].

机制 2.4 (左右端点机制)　给定消费者位置组合 $\boldsymbol{x}=(x_1,x_2,\cdots,x_n)\in\mathbb{R}^n$, 两个设施的位置为 $y_1=\min\limits_{i\in N}x_i$, $y_2=\max\limits_{i\in N}x_i$.

定理 2.6　对于实线上的双设施选址问题, 左右端点机制是群体策略对抗的, 且对于最小化社会费用是 $(n-2)$-近似的.

证明　首先证明群体策略对抗性. 位于左右端点上的消费者的费用为 0, 显然没有动机谎报. 其他消费者的任何策略都只可能导致两个端点向外侧移动, 这反而会增加他们的费用, 因此也没有动机谎报. 接下来证明近似比.

给定消费者位置组合 $\boldsymbol{x}$, 其中 $x_1\leqslant x_2\leqslant\cdots\leqslant x_n$. 根据最优解 $(y_1,y_2)\in\mathbb{R}^2$, 设 $L(\boldsymbol{x})=\{x_1,\cdots,x_t\}$, $R(\boldsymbol{x})=\{x_{t+1},\cdots,x_n\}$, 则最优解的社会费用至少是 $|x_1-x_t|+|x_{t+1}-x_n|$. 现在分析左右端点机制输出的解 $f(\boldsymbol{x})$. 对于 $L(\boldsymbol{x})$ 中的消

费者, $f(\boldsymbol{x})$ 产生的费用总和为

$$\sum_{x_i \in L(\boldsymbol{x})} c(f(\boldsymbol{x}), x_i) \leqslant \sum_{x_i \in L(\boldsymbol{x})} |x_i - x_1| \leqslant (|L(\boldsymbol{x})| - 1) \cdot |x_t - x_1|$$

类似地, 对于 $R(\boldsymbol{x})$ 中的消费者, $f(\boldsymbol{x})$ 产生的费用总和为

$$\sum_{x_i \in R(\boldsymbol{x})} c(f(\boldsymbol{x}), x_i) \leqslant (|R(\boldsymbol{x})| - 1) \cdot |x_{t+1} - x_n|$$

由于 $1 \leqslant |L(\boldsymbol{x})|, |R(\boldsymbol{x})| \leqslant n-1$, 因此 $f(\boldsymbol{x})$ 对所有消费者的总费用为

$$\sum_{i \in N} c(f(\boldsymbol{x}), x_i) \leqslant (n-2) \cdot |x_1 - x_t| + (n-2) \cdot |x_{t+1} - x_n|$$

不超过最优解社会费用的 $n-2$ 倍. □

定理 2.6中对于左右端点机制的近似比分析是紧的, 也就是说, 存在一个实例 $\boldsymbol{x}$ 使得 $f(\boldsymbol{x})$ 产生的社会费用正好是最优解社会费用的 $n-2$ 倍. 考虑实例 $\boldsymbol{x} = (0, 3, 3, \cdots, 3, 4)$, 其中 $n-2$ 个点的位置在 3 处. 最优解为 $(0, 3)$, 其社会费用为 1. 而左右端点机制输出的解为 $(0, 4)$, 其社会费用为 $n-2$.

Fotakis 和 Tzamos[41] 进一步给出了对确定性机制的刻画: 当 $n \geqslant 5$ 时, 令 f 为任意确定性、策略对抗且有有界近似比①的机制, 则要么对所有的 $\boldsymbol{x}$ 都有 $f(\boldsymbol{x}) = (\mathrm{lt}(\boldsymbol{x}), \mathrm{rt}(\boldsymbol{x}))$, 要么存在唯一一个独裁者 (dictator)$j \in N$ 使得对所有的 $\boldsymbol{x}$ 都有 $x_j \in f(\boldsymbol{x})$(这样的机制称为独裁机制). 独裁机制显然不是匿名的, 因为它依赖于消费者的身份. 这个刻画直接给出了如下推论.

推论 2.1　对于实线上的双设施选址问题, 当 $n \geqslant 5$ 时, 左右端点机制是唯一一个具有有界近似比的确定性、匿名、策略对抗机制.

推论 2.2　对于实线上的双设施选址问题, 当 $n \geqslant 5$ 时, 任何确定性的策略对抗机制的近似比都至少是 $n-2$.

证明　只需证明独裁机制的近似比至少是 $n-2$. 考虑实例 $\boldsymbol{x}$, 其中独裁者 j 位于 0 点, 消费者 i 在点 1 处, 其他 $n-2$ 个消费者在点 $\epsilon \in \left(0, \dfrac{1}{n}\right)$ 处. 最优的

① 有界的近似比意味着它存在一个上界是关于 n 和 k 的函数.

社会费用等于 ϵ. 独裁机制输出解 $f(\boldsymbol{x}) = (0, a)$, 无论 a 点在什么位置, 其社会费用都至少是 $(n-1)\epsilon$. □

随机性可以打破上述线性的界.Lu 等 [38] 提出了下面的随机机制, 它将第一个设施均匀随机地放在任一消费者位置上, 再根据其他消费者与第一个设施的距离, 以成比例的概率将第二个设施放置在任一消费者位置上. 也就是说, 消费者与第一个设施的距离越远, 则被选中开设第二个设施的概率就越大.

机制 2.5 (按比例机制) 给定消费者位置组合 $\boldsymbol{x} = (x_1, x_2, \cdots, x_n) \in M^n$, 两个设施的位置 $(y_1, y_2) \in M^2$ 由下面的过程确定:

(1) 从 N 中随机选取消费者 i, 将第一个设施的位置确定为 $y_1 = x_i$;

(2) 令 $d_j = d(y_1, x_j)$ 为消费者 $j \in N$ 与第一个设施的距离, 以概率 $\dfrac{d_j}{\sum\limits_{l \in N} d_l}$ 选取一个消费者 j, 将第二个设施的位置确定为 $y_2 = x_j$.

按比例机制是策略对抗和 4-近似的, 并且在任意度量空间上都成立, 不局限于实线上.

定理 2.7 对于度量空间中的双设施选址问题, 按比例机制是随机的、策略对抗的, 且对于最小化社会费用是 4-近似的.

证明 首先证明其策略对抗性. 用 $\text{cost}_k(f(\boldsymbol{x}), x_i)$ 来表示给定第一个设施的位置在 x_k 时, 消费者 i 的条件期望费用. 显然有 $\text{cost}_i(f(\boldsymbol{x}), x_i) = 0$. 消费者 i 的费用可表示为

$$c(f(\boldsymbol{x}), x_i) = \frac{1}{n} \sum_{k=1}^{n} \text{cost}_k(f(\boldsymbol{x}), x_i) = \frac{1}{n} \sum_{k \neq i} \text{cost}_k(f(\boldsymbol{x}), x_i)$$

考虑位置组合 $\boldsymbol{x}' = (x_i', \boldsymbol{x}_{-i})$, 其中消费者 i 将他的真实位置 x_i 谎报成了 x_i'. 为了证明策略对抗性, 我们证明一个更强的结论, 即便消费者已知第一个设施的位置, 还是没有动机说谎. 也就是说, 只需证明对于任意 $k \neq i$, 都有

$$\text{cost}_k(f(\boldsymbol{x}'), x_i) \geqslant \text{cost}_k(f(\boldsymbol{x}), x_i)$$

我们固定第一个设施的位置在 x_k, 则 $d_i = d(x_k, x_i)$, 并且有

$$\mathrm{cost}_k(f(\boldsymbol{x}), x_i) = \frac{\sum\limits_{j=1}^{n} d_j \min\{d_i, d(x_i, x_j)\}}{\sum\limits_{j=1}^{n} d_j} = \frac{\sum\limits_{j\neq i} d_j \min\{d_i, d(x_i, x_j)\}}{\sum\limits_{j=1}^{n} d_j}$$

令 $d_i' = d(x_k, x_i')$. 消费者 i 在谎报后的费用为

$$\mathrm{cost}_k(f(\boldsymbol{x}'), x_i) = \frac{\sum\limits_{j\neq i} d_j \min\{d_i, d(x_i, x_j)\}}{\sum\limits_{j=1}^{n} d_j + (d_i' - d_i)} + \frac{d_i' \min\{d_i, d(x_i, x_i')\}}{\sum\limits_{j=1}^{n} d_j + (d_i' - d_i)}$$

结合上述两个等式给出如下关系:

$$\mathrm{cost}_k(f(\boldsymbol{x}'), x_i) = \frac{\mathrm{cost}_k(f(\boldsymbol{x}), x_i) \sum\limits_{j=1}^{n} d_j}{\sum\limits_{j=1}^{n} d_j + (d_i' - d_i)} + \frac{d_i' \min\{d_i, d(x_i, x_i')\}}{\sum\limits_{j=1}^{n} d_j + (d_i' - d_i)}$$

如果 $d_i' \leqslant d_i$, 则上述等式右边第一项已经大于 $\mathrm{cost}_k(f(\boldsymbol{x}), x_i)$, 而第二项是非负的, 因此只需考虑 $d_i' > d_i$ 的情形. 我们有

$$\mathrm{cost}_k(f(\boldsymbol{x}'), x_i) - \mathrm{cost}_k(f(\boldsymbol{x}), x_i) = \frac{(d_i - d_i')\mathrm{cost}_k(f(\boldsymbol{x}), x_i)}{\sum\limits_{j=1}^{n} d_j + (d_i' - d_i)} + \frac{d_i' \min\{d_i, d(x_i, x_i')\}}{\sum\limits_{j=1}^{n} d_j + (d_i' - d_i)}$$

因此我们只需证明

$$d_i' \min\{d_i, d(x_i, x_i')\} - (d_i' - d_i)\mathrm{cost}_k(f(\boldsymbol{x}), x_i) \geqslant 0 \tag{2.2}$$

如果 $\min\{d_i, d(x_i, x_i')\} = d_i$, 由 $d_i' \geqslant d_i' - d_i$ 和 $d_i \geqslant \mathrm{cost}_k(f(\boldsymbol{x}), x_i)$ 可推出式 (2.2) 成立; 如果 $\min\{d_i, d(x_i, x_i')\} = d(x_i, x_i')$, 由三角不等式可知 $d(x_i, x_i') \geqslant d_i' - d_i$, 再结合 $d_i' > d_i \geqslant \mathrm{cost}_k(f(\boldsymbol{x}), x_i)$, 可推知式 (2.2) 成立.

至此我们证明了机制的策略对抗性. 接下来证明其近似比.

给定位置组合 $\boldsymbol{x}$, 令 (y_1, y_2) 为最优解. 令 $N_1 = \{i \in N \mid d(x_i, y_1) < d(x_i, y_2)\}$ 为距离 y_1 比距离 y_2 严格小的消费者集合, 而 $N_2 = N \backslash N_1$ 为其他消费者. 用

OPT_1 表示最优解下在 N_1 中所有消费者的费用总和, OPT_2 表示在 N_2 中所有消费者的费用总和, 则最优解的社会费用为 $\mathrm{OPT} = \mathrm{OPT}_1 + \mathrm{OPT}_2$.

类似地, 用 cost_1 表示在按比例机制输出的解下在 N_1 中所有消费者的费用总和, cost_2 表示在 N_2 中所有消费者的费用总和. 用 F_1、F_2 分别表示第一个设施的位置在 N_1、N_2 中的事件. 因为按比例机制是随机的, 所以 cost_1 和 cost_2 都是随机变量. 我们需要给出机制所导出的期望社会费用 $\mathbb{E}[\mathrm{cost}_1 + \mathrm{cost}_2]$ 的一个上界. 由于 F_1、F_2 是对立事件, 故

$$\mathbb{E}[\mathrm{cost}_1 + \mathrm{cost}_2] = Pr(F_1) \cdot \mathbb{E}[\mathrm{cost}_1 + \mathrm{cost}_2 | F_1] + Pr(F_2) \cdot \mathbb{E}[\mathrm{cost}_1 + \mathrm{cost}_2 | F_2]$$

我们用下面两个断言来给出相应的上界.

断言 2.1 $\mathbb{E}[\mathrm{cost}_1 | F_1] \leqslant 2\mathrm{OPT}_1$.

证明 注意在给定事件 F_1 时, N_1 中每个消费者都以 $\dfrac{1}{|N_1|}$ 的概率被选中开设第一个设施. 即便完全不考虑第二个设施, 也有 $\mathbb{E}[\mathrm{cost}_1 | F_1] \leqslant \dfrac{1}{|N_1|} \sum_{i \in N_1} \sum_{j \in N_1} d(x_i, x_j)$. 因为 $\mathrm{OPT}_1 = \sum_{i \in N_1} d(x_i, y_1)$, 所以由三角不等式可知

$$\begin{aligned} |N_1| \mathrm{OPT}_1 &= \sum_{i \in N_1} d(x_i, y_1) |N_1| \\ &= \frac{1}{2} \sum_{i \in N_1} \sum_{j \in N_1} (d(x_i, y_1) + d(x_j, y_1)) \\ &\geqslant \frac{1}{2} \sum_{i \in N_1} \sum_{j \in N_1} d(x_i, x_j) \end{aligned}$$ □

断言 2.2 $\mathbb{E}[\mathrm{cost}_2 | F_1] \leqslant 2\mathrm{OPT}_1 + 4\mathrm{OPT}_2$.

证明 定义

$$\mathrm{cost}_2^{k,i} = \sum_{j \in N_2} \min\{d(x_k, x_j), d(x_i, x_j)\}$$

为给定第一个被选中的消费者是 k 以及第二个被选中的消费者是 i 的条件下, N_2 中所有消费者的费用总和. 用 $P(i|k)$ 表示给定第一个被选中的消费者是 k 的条件

下, 第二个被选中的消费者是 i 的概率. 我们有

$$\mathbb{E}[\mathrm{cost}_2|F_1] = \sum_{k\in N_1}\frac{1}{|N_1|}\sum_{i\in N_1}\mathrm{cost}_2^{k,i}\cdot P(i|k) + \sum_{k\in N_1}\frac{1}{|N_1|}\sum_{i\in N_2}\mathrm{cost}_2^{k,i}\cdot P(i|k) \quad (2.3)$$

对于式 (2.3) 等号右边的第一项, 我们忽略第二个设施, 仅用 N_2 中的消费者到第一个设施的距离来给出他们费用总和的一个上界:

$$\begin{aligned}\sum_{k\in N_1}\frac{1}{|N_1|}\sum_{i\in N_1}\mathrm{cost}_2^{k,i}\cdot P(i|k) &\leqslant \sum_{i\in N_1}\frac{1}{|N_1|}\sum_{k\in N_1}\left(\sum_{j\in N_2} d(x_k,x_j)\right)\frac{d(x_k,x_i)}{\sum\limits_{j\in N} d(x_k,x_j)}\\ &\leqslant \sum_{i\in N_1}\frac{1}{|N_1|}\sum_{k\in N_1} d(x_k,x_i)\\ &\leqslant 2\mathrm{OPT}_1\end{aligned}$$

其中最后一个不等式来自断言 2.1.

考虑式 (2.3) 等号右边的第二项. 我们固定第一个设施的位置是 x_k, 并定义 $d_j = d(x_k,x_j)$. 定义 $D = d(x_k,y_2)$ 为 x_k 与最优解中第二个设施位置 y_2 的距离. 此外, 对于消费者 $j\in N_2$, 令 $e_j = d(y_2,x_j)$ 为他与 y_2 的距离, 并定义 $s_j = d_j - e_j$. 显然有 $\mathrm{OPT}_2 = \sum\limits_{j\in N_2} e_j$.

虽然 s_j 可能为负数, 但我们可以设 $\sum\limits_{j\in N_2} s_j \geqslant 0$, 否则对于 N_2 中的消费者整体而言, 第一个设施严格好于第二个设施, 这与 y_2 的最优性矛盾.

现在我们来计算 N_2 中所有消费者的费用总和:

$$\begin{aligned}\sum_{i\in N_2}\mathrm{cost}_2^{k,i}P(i|k) &= \sum_{i\in N_2}\left(\sum_{j\in N_2}\min\{d_j, d(x_i,x_j)\}\right)\frac{d_i}{\sum\limits_{j\in N} d_j}\\ &\leqslant \sum_{i\in N_2}\frac{e_i+s_i}{\sum\limits_{j\in N_2}(e_j+s_j)}\left(\sum_{j\in N_2}\min\{e_j+s_j, d(x_i,x_j)\}\right) \quad (2.4)\end{aligned}$$

由三角不等式可知, $d(x_i,x_j)\leqslant e_j+e_i$, 这使得我们可以继续推导:

$$\sum_{i\in N_2}\mathrm{cost}_2^{k,i}P(i|k) \leqslant \sum_{i\in N_2}\frac{e_i+s_i}{\sum\limits_{j\in N_2}(e_j+s_j)}\sum_{j\in N_2}\min\{e_j+s_j, e_j+e_i\}$$

$$=\sum_{i\in N_2}\frac{e_i+s_i}{\sum\limits_{j\in N_2}(e_j+s_j)}\sum_{j\in N_2}e_j+\sum_{i\in N_2}\frac{e_i}{\sum\limits_{j\in N_2}(e_j+s_j)}\sum_{j\in N_2}\min\{s_j,e_i\}+$$

$$\sum_{i\in N_2}\frac{s_i}{\sum\limits_{j\in N_2}(e_j+s_j)}\sum_{j\in N_2}\min\{s_j,e_i\}$$

上式等号右边的第一项正好等于 $\sum\limits_{j\in N_2}e_j=\mathrm{OPT}_2$. 对于第二项, 我们将 $\min\{s_j,e_i\}$ 放大成 s_j, 由于 $\sum\limits_{j\in N_2}(e_j+s_j)\geqslant\sum\limits_{j\in N_2}s_j$, 因此第二项的上界是 $\sum\limits_{i\in N_2}e_i=\mathrm{OPT}_2$.

对于第三项, 我们将 $\min\{s_j,e_i\}$ 放大成 e_i. 由三角不等式可知, $e_j+D\geqslant d_j$ 可推出 $s_j\leqslant D$ 以及 $d_j+e_j\geqslant D$. 因而有

$$\begin{aligned}\sum_{i\in N_2}\frac{s_i}{\sum\limits_{j\in N_2}(e_j+s_j)}\sum_{j\in N_2}\min\{s_j,e_i\}&\leqslant\sum_{i\in N_2}\frac{s_i|N_2|e_i}{\sum\limits_{j\in N_2}(e_j+s_j)}\\&\leqslant\sum_{i\in N_2}e_i\frac{|N_2|D}{\sum\limits_{j\in N_2}(e_j+s_j)}\\&\leqslant 2\mathrm{OPT}_2\end{aligned}$$

其中最后一个不等式来自 $\sum\limits_{j\in N_2}s_j\geqslant 0$ 和

$$\sum_{j\in N_2}2(e_j+s_j)\geqslant\sum_{j\in N_2}(2e_j+s_j)=\sum_{j\in N_2}(d_j+e_j)\geqslant|N_2|D$$

回到式 (2.4), 我们有

$$\sum_{i\in N_2}\mathrm{cost}_2^{k,i}P(i|k)\leqslant\mathrm{OPT}_2+\mathrm{OPT}_2+2\mathrm{OPT}_2=4\mathrm{OPT}_2$$

将其代入式 (2.3), 可得 $\mathbb{E}[\mathrm{cost}_2|F_1]\leqslant 2\mathrm{OPT}_1+4\mathrm{OPT}_2$, 断言得证. □

现在我们由断言 2.1和断言 2.2来证明定理 2.7:

$$\begin{aligned}\mathbb{E}[\mathrm{cost}_1+\mathrm{cost}_2]&\leqslant\max\{\mathbb{E}[\mathrm{cost}_1+\mathrm{cost}_2|F_1],\ \mathbb{E}[\mathrm{cost}_1+\mathrm{cost}_2|F_2]\}\\&=\max\{\mathbb{E}[\mathrm{cost}_1|F_1]+\mathbb{E}[\mathrm{cost}_2|F_1],\ \mathbb{E}[\mathrm{cost}_1|F_2]+\mathbb{E}[\mathrm{cost}_2|F_2]\}\end{aligned}$$

$$\leqslant \max\{2\mathrm{OPT}_1 + 2\mathrm{OPT}_1 + 4\mathrm{OPT}_2,\ 2\mathrm{OPT}_2 + 4\mathrm{OPT}_1 + 2\mathrm{OPT}_2\}$$

$$= 4(\mathrm{OPT}_1 + \mathrm{OPT}_2)$$

$$= 4\mathrm{OPT}$$

其中 $\mathbb{E}[\mathrm{cost}_1|F_2]$ 和 $\mathbb{E}[\mathrm{cost}_2|F_2]$ 的上界可以通过断言 2.1和断言 2.2的对称论断来证明. □

定理 2.7中对于按比例机制的近似比分析是紧的. 考虑实例 $\boldsymbol{x} = (\epsilon, 0, 0, \cdots, 0, 1)$, 其中 $n-2$ 个点的位置在 0 处, $\epsilon > 0$ 是充分小的数. 最优解为 $(0,1)$, 其社会费用为 ϵ. 按比例机制以 $\dfrac{n-2}{n}$ 的概率选择 0 点开设第一个设施, 在此基础上再以 $\dfrac{1}{1+\epsilon}$ 的概率选择 1 点、以 $\dfrac{\epsilon}{1+\epsilon}$ 的概率选择 ϵ 点开设第二个设施. 经过简单的计算后可知, 当 n 充分大时, 机制导出的社会费用充分接近 4ϵ, 即 OPT 的 4 倍.

2.2.2　最小化最大费用

对于最小化最大费用的目标函数, Procaccia 和 Tennenholtz[4] 证明了左右端点机制是 2-近似的, 并且任意的确定性策略对抗机制都不会有比 2 更小的近似比. 他们还提出了一个近似比为 5/3 的随机机制, 并证明了任意随机策略对抗机制的近似比都不会好于 3/2. 相关结论汇总在表 2.2中.

与最小化社会费用一样, 最小化最大费用的优化问题同样很简单, 既可以用多项式时间算法求解, 也可以对最优解的结构有一个更精确的刻画. 首先定义一些符号. 给定位置组合 $\boldsymbol{x} \in \mathbb{R}^n$, 令 $\mathrm{lb}(\boldsymbol{x}) = \max\{x_i : i \in N, x_i \leqslant \mathrm{cen}(\boldsymbol{x})\}$ 为最靠近 $\mathrm{cen}(\boldsymbol{x})$ 左侧的消费者位置, $\mathrm{rb}(\boldsymbol{x}) = \min\{x_i : i \in N, x_i \geqslant \mathrm{cen}(\boldsymbol{x})\}$ 为最靠近 $\mathrm{cen}(\boldsymbol{x})$ 右侧的消费者位置. 定义 $\mathrm{dist}(\boldsymbol{x}) = \max\{\mathrm{lb}(\boldsymbol{x}) - \mathrm{lt}(\boldsymbol{x}), \mathrm{rt}(\boldsymbol{x} - \mathrm{rb}(\boldsymbol{x})\}$. 下面的引理给出了最优的目标函数值.

引理 2.1　给定 $\boldsymbol{x} \in \mathbb{R}^n$, 最优解的最大费用为 $\dfrac{\mathrm{dist}(\boldsymbol{x})}{2}$.

证明　不失一般性地假设 $\mathrm{lt}(\boldsymbol{x}) = 0, \mathrm{rt}(\boldsymbol{x}) = 1$, 再假设 $\mathrm{lb}(\boldsymbol{x}) \geqslant 1 - rb(\boldsymbol{x})$, 也

就是说, $\mathrm{dist}(\boldsymbol{x}) = \mathrm{lb}(\boldsymbol{x})$. 考虑一个解 $\boldsymbol{y}^*$, 其中 $y_1^* = \mathrm{lb}(\boldsymbol{x})/2$, $y_2^* = (1+\mathrm{rb}(\boldsymbol{x}))/2$. 不难看出其最大费用为 $\mathrm{MC}(\boldsymbol{y}^*, \boldsymbol{x}) = \mathrm{lb}(\boldsymbol{x})/2 \leqslant 1/4$.

下面我们说明任意解的最大费用都至少是 $\mathrm{lb}(\boldsymbol{x})/2$, 也就是说, $\boldsymbol{y}^*$ 是最优解. 考虑任意解 $\boldsymbol{y}$, 其中 y_1 和 y_2 都小于或等于 $1/2$, 或 y_1 和 y_2 都大于或等于 $1/2$, 那么显然其最大费用至少是 $1/2$. 考虑任意解 $\boldsymbol{y}$, 其中 $y_1 \leqslant 1/2, y_2 \geqslant 1/2$. 如果 $y_2 < 3/4$, 则产生的最大费用超过 $1/4$. 如果 $y_2 \geqslant 3/4$, 则 y_1 的最好位置是 $\mathrm{lb}(\boldsymbol{x})/2$ 处, 此时的最大费用是 $\mathrm{lb}(\boldsymbol{x})/2$, 得证. □

我们已知左右端点机制是群体策略对抗的. 该机制输出的解所产生的最大费用为 $\mathrm{dist}(\boldsymbol{x})$, 而由引理 2.1知最优值为 $\mathrm{dist}(\boldsymbol{x})/2$, 因此近似比为 2.

定理 2.8 对于实线上的双设施选址问题, 左右端点机制是群体策略对抗的, 且对于最小化最大费用是 2-近似的.

接下来我们证明紧的下界. 回忆定理 2.3中关于单设施问题确定性机制下界 2 的证明, 只需对每个实例在实线上无穷远处添加一个额外的消费者, 使得任何好的机制必须开设一个设施在该消费者附近, 便可以将下界 2 推广到双设施问题中.

推论 2.3 对于实线上的双设施选址问题, 任何确定性策略对抗机制对于最小化最大费用的近似比都至少是 2.

尽管对于确定性机制有了紧的上下界, 但随机机制并非如此. 考虑如下随机机制.

机制 2.6 给定位置组合 $\boldsymbol{x} \in \mathbb{R}^n$, 以 $1/2$ 的概率输出左右端点 $(\mathrm{lt}(\boldsymbol{x}), \mathrm{rt}(\boldsymbol{x}))$, 以 $1/6$ 的概率输出 $(\mathrm{lt}(\boldsymbol{x}) + \mathrm{dist}(\boldsymbol{x}), \mathrm{rt}(\boldsymbol{x}) - \mathrm{dist}(\boldsymbol{x}))$, 以 $1/3$ 的概率输出 $(\mathrm{lt}(\boldsymbol{x}) + \mathrm{dist}(\boldsymbol{x})/2, \mathrm{rt}(\boldsymbol{x}) - \mathrm{dist}(\boldsymbol{x})/2)$.

Procaccia 和 Tennenholtz 证明了机制 2.6的近似比为 5/3, 并且定理 2.5依然成立. 我们不给出证明地叙述如下结论, 证明请参考文献 [42], 即文献 [4] 的期刊版.

定理 2.9 对于实线上的双设施选址问题, 机制 2.6是随机的、策略对抗的, 且对于最小化最大费用是 $\dfrac{5}{3}$-近似的.

推论 2.4　对于实线上的双设施选址问题，对任意给定的 $\epsilon > 0$，任何随机策略对抗机制对于最小化最大费用的近似比都至少是 $\frac{3}{2} - \epsilon$.

2.3　多设施模型

尽管 Procaccia 和 Tennenholtz[42] 在 2013 年称在技术上最为重要的开放性问题是如何处理三个设施甚至更多设施的情形，但迄今为止对于多设施模型的结论还比较有限. 由于当 $k \geqslant n$ 时问题是平凡的 (只需将设施开设在所有的消费者位置上即可)，故只需考虑 $k \leqslant n-1$ 即可.

Lu 等 [38] 首先研究了实线上的 3-设施选址问题，对按比例机制 (机制 2.5) 进行了改造：首先将前两个设施分别放在最左端和最右端的消费者位置，然后将第三个设施随机放置在剩余的消费者位置中，其概率正比于消费者位置与前两个设施位置的最小距离. 这个机制是策略对抗的，并且对最小化社会费用有线性的近似比.

Escoffier 等 [43] 聚焦于 $k = n-1$ 的情形，当度量空间是在一棵树上时 (这比实线更一般化)，证明了随机策略对抗机制对于社会费用的上界是 $\frac{n}{2}$，对于最大费用的上界是 1.5. 他们还对一般的度量空间给出了相关近似比上下界.

Fotakis 和 Tzamos[41] 证明了对于任意的 $3 \leqslant k \leqslant n-1$，在实线上都不存在具有有界近似比的确定性、匿名、策略对抗机制. 他们在文献 [44] 中进一步研究了随机机制，提出了一个随机群体策略对抗机制，该机制叫作*相等费用机制* (equal cost mechanism, 见机制 2.7)，他们证明了它的近似比对于社会费用是 n，对于最大费用是 2. 这说明了确定性机制和随机机制之间有一个有趣的不同点：当 k 从 2 增加到 3 时，确定性机制对于最大费用的近似比从 2 变成了正无穷，而随机机制则保持着近似比至多为 2. 他们还针对 $k = n-1$ 时的情形提出了一种特殊的随机机制，该机制叫作*选择失败者机制* (pick the loser mechanism)，它是群体策略对抗的，且对社会费用有近似比 2. 值得注意的是，文献 [44] 中研究的是一种更一般的费用函数——凸费用函数 $g(\cdot)$，即消费者的费用是他与最近设施的距离的凸函数.

上文研究的费用函数对应了 g 是恒等函数的情形.

下面仅叙述相等费用机制, 它应用于任意的 k 和 n. 其主要思想是让所有消费者的期望费用都相等. 从技术实现而言, 首先, 它用 k 个长度为 l 的不相交区间覆盖所有的消费者位置, 其中选择的 l 要使得 $g(l)$ 最多两倍于最优的消费者最大费用. 其次, 构造出一个随机变量 $X \in [0,l]$, 使得对于所有的点 $x \in [0,l]$, 如果他们都由位于 X 处的设施来服务, 那么都有相等的期望费用. 最后, 在每一个区间中根据 X 来放置一个设施, 使得所有消费者的期望费用都等于 $g(X)$ 的期望.

机制 2.7 (相等费用机制) 给定位置组合 $\boldsymbol{x} \in \mathbb{R}^n$, 按照如下步骤输出 k 个设施的位置:

(1) 计算 k 个不相交的区间 $[\alpha_i, \alpha_i + l]$, 并用它们来覆盖所有的消费者位置 $\{x_1, \cdots, x_m\}$, 使得区间长度 l 最小化;

(2) 构造随机变量 $X(l) \in [0,l]$, 使得所有的点 $x \in [0,l]$ 都有相等的期望费用 $\mathbb{E}[g(|x-X|)]$;

(3) 对于每个区间 $[\alpha_i, \alpha_i + l]$, 如果 i 是奇数, 则放一个设施在 $\alpha_i + X$ 处, 如果 i 是偶数, 则放一个设施在 $\alpha_i + l - X$ 处.

2.4 其他度量空间

在第 2.1 ~2.3 节中, 除了按比例机制适用于一般的度量空间以及 Escoffier 等 [43] 研究的树空间之外, 其他结论都是在一条实线上. 在本节中我们将讨论其他更一般的度量空间. 实线是一种非常简单的结构, 因此正面的结果也往往更加容易取得, 但在其他空间上并不一定如此. 比如, 对于实线上的双设施选址问题, 由定理 2.8可知存在对最大费用近似比为 2 的确定性策略对抗机制, 然而 Fotakis 和 Tzamos[41] 证明了在一般的度量空间中, 不存在具有有界近似比的确定性策略对抗机制, 即便只考虑在星图 (star graph) 上只有三个消费者的实例. 下面我们对一般度量空间和圈空间进行讨论.

2.4.1　一般度量空间

尽管要在一般的度量空间中设计具有良好近似比的策略对抗机制似乎是一项比较困难的任务，但令人惊讶的是，对于单设施选址问题，一个简单的确定性机制就能实现这一目的. 考虑独裁者机制，也就是对任意的消费者位置组合 $\boldsymbol{x}$ 都输出 $f(\boldsymbol{x}) = x_1$. 它显然是群体策略对抗的. 此外它还对最小化最大费用具有 2-近似 [45]，这是因为对于任意消费者 $i \in N$ 都有

$$d(x_1, x_i) \leqslant d(x_1, y^*) + d(y^*, x_i) \leqslant 2 \cdot \max\{d(x_1, y^*), d(y^*, x_i)\} \leqslant 2 \cdot \mathrm{MC}(\boldsymbol{y}^*, \boldsymbol{x})$$

其中 y^* 是实例 $\boldsymbol{x}$ 的最优解. 另外，我们已经知道任意确定性算法都不能对最大费用有好于 2 的近似，即便是在实线上 (定理 2.3). 因此，独裁者机制给出了紧的近似比上界.

对于最小化社会费用的目标函数，显然独裁者机制的近似比是线性的，但我们可以通过对它进行随机化来保持良好的效果. 考虑随机独裁机制，它均匀随机地选择一个消费者，并将设施开设在该消费者的位置. 这个机制是策略对抗但并非群体策略对抗的，对最小化社会费用的近似比为 $2 - \frac{2}{n}$ [45, 46].

机制 2.8 (随机独裁机制)　给定位置组合 $\boldsymbol{x}$，对于每个消费者 $i \in N$，以 $\frac{1}{n}$ 的概率有 $f(\boldsymbol{x}) = x_i$.

对于双设施选址问题，我们已经知道按比例机制 (机制 2.5) 在一般度量空间上对社会费用有 4-近似. 而当设施数量为 $k = n - 1$ 时，Escoffier 等 [43] 提出了下面的随机机制——反比例机制，其主要思想在于以合适的概率 $p_i(\boldsymbol{x})$ 排除消费者位置 x_i，并将 $n-1$ 个设施开设在其他消费者位置上. 问题的关键在于如何确定概率 $p_i(\boldsymbol{x})$ 使得机制是策略对抗的. Escoffier 等 [43] 证明了反比例机制在一般度量空间中是策略对抗的，对社会费用的近似比是 $\frac{n}{2}$，对最大费用的近似比是 n. 他们还证明了确定性机制和随机机制对社会费用的近似比下界分别是 3 和 1.055，确定性机制对最大费用的近似比下界是 2.

机制 2.9 (反比例机制)　给定位置组合 $\boldsymbol{x}$，如果其中有不超过 $k = n - 1$ 个

不同的消费者位置, 则直接将 k 个设施开设在这些位置上. 否则, 定义 $P_i(\boldsymbol{x}) = \{x_1, \cdots, x_{i-1}, x_{i+1}, \cdots, x_n\}$ 为 k 个位置, 并以概率

$$p_i(\boldsymbol{x}) := \frac{1/d(x_i, P_i(\boldsymbol{x}))}{\sum\limits_{j \in N} 1/d(x_j, P_j(\boldsymbol{x}))}$$

输出 $P_i(\boldsymbol{x})$.

2.4.2 圈空间

圈是一种较简单的结构. 考虑一个圈度量空间 (S^1, d), 其中 $S^1 \subseteq \mathbb{R}^2$ 是二维欧氏空间中的一个圈, 距离函数 $d(x,y)$ 是 $x \in S^1$ 和 $y \in S^1$ 之间最短弧的长度. 不妨将 S^1 的周长归一化为 1. 显然实线上任何机制的近似比下界在圈上依然成立, 因为圈在局部上可以被看作一条实线. 但近似比上界不一定成立, 因为圈是更一般的空间.

对于圈上的单设施选址问题, Alon 等 [45] 提出了一个随机机制——混合 (hybrid) 机制, 它是策略对抗的, 对最小化最大费用有 1.5-近似, 这与随机算法的近似比下界 (定理 2.5) 相匹配. 在描述混合机制之前, 我们回忆左中右机制 (机制 2.3) 对实线上最大费用是 1.5-近似的, 那么能否将它应用到圈上呢? 虽然在圈上不再有所谓的左端点和右端点, 但因为每一个半圆都能被看作一个区间, 所以我们很自然地就会想到一种混合的机制: 当所有消费者都位于某个半圆内部时使用左中右机制, 否则使用另一种策略对抗机制 f'. 对 f' 的一个合理的选项是随机点机制, 它均匀随机地选择圈上任意一点. 随机点机制显然是群体策略对抗的, 当所有消费者不位于任意半圆内部时, 可以证明它是 $\frac{7}{4}$-近似的. 粗略而言, 这是因为最坏的情况是足够多的消费者均匀地分布在一段比 $\frac{1}{2}$ 稍长的圆弧上, 此时, 如果随机点机制选择的解不在这段圆弧上 (发生的概率约为 $\frac{1}{2}$), 那么最大费用为 $\frac{1}{2}$, 因为存在一个与该解中心对称的消费者; 如果随机点机制选择的解在这段圆弧上 (发生的概率约为 $\frac{1}{2}$), 那么最大费用的期望约为 $\frac{3}{8}$. 因此, 随机点机制的最大费用

约为

$$\frac{1}{2}\times\frac{1}{2}+\frac{1}{2}\times\frac{3}{8}=\frac{7}{16}$$

而最优解位于这段圆弧的中点, 最优的最大费用约为 $\frac{1}{4}$, 所以近似比为 $\frac{7}{4}$. 综上, 将左中右机制与随机点机制混合在一起的机制的近似比为 $\max\left\{\frac{3}{2},\frac{7}{4}\right\}=\frac{7}{4}$. 可以证明, 这个混合机制依然是策略对抗的.

事实上, 我们采用下面更复杂的混合机制可以得到比 $\frac{7}{4}$ 更好的近似比, 它使用随机中心机制作为当所有消费者不位于任意半圆内部时的机制 f'.Alon 等 [45] 证明了这个混合机制是策略对抗的, 对最小化最大费用有 1.5-近似.

机制 2.10 (混合机制)　给定位置组合 $\boldsymbol{x}$.

(1) 如果所有消费者均位于一个半圆内, 那么存在点 $y,z\in S^1$ 使得所有 $x_i(i\in N)$ 都在 y,z 围成的圆弧内, 且该圆弧长度不超过 $\frac{1}{2}$. 将该圆弧看作一个区间, 执行左中右机制.

(2) 如果所有消费者均不在任何半圆内, 执行如下随机中心机制:

a. 在 S^1 上随机选取一个点 y;

b. 对所有 $i\in N$, 令 $\hat{x}_1$ 为 x_1 的对距点 (中心对称点), 令 $\hat{x}_i$ 和 $\hat{x}_j$ 为两个与 y 相邻的对距点, 其中一个是从 y 出发沿着顺时针第一个经过的对距点, 另一个是从 y 出发沿着逆时针第一个经过的对距点;

c. 输出 $\hat{x}_i$ 和 $\hat{x}_j$ 形成的更短圆弧的中点.

而对最小化社会费用的目标函数, Meir[47] 首次提出了在特定情形下好于随机独裁机制$\left(其近似比为\ 2-\frac{2}{n}\right)$的其他随机机制. 给定消费者位置组合 $\boldsymbol{x}$, 不妨设 $x_1,x_2,\cdots,x_n$ 在圈上按顺时针顺序排列. 对于任意两个相邻的消费者 j 和 $j+1$, 定义 $L(x_j,x_{j+1})$ 为这两个消费者形成的不包含其他消费者在内的圆弧的长度. 当 $L(x_j,x_{j+1})$ 不超过 $\frac{1}{2}$ 时, 显然等于 $d(x_j,x_{j+1})$. 定义 $L_i=L(x_j,x_{j+1})$, 其中 $j=\left(i+\left\lfloor\frac{n}{2}\right\rfloor\right)\bmod n$, 也就是说, L_i 是消费者 i “面对” 的弧的长度. 比如, 当 $n=3$ 时有 $L_1=L(x_2,x_3),L2=L(x_3,x_1),L_3=L(x_1,x_2)$. Meir[47] 提出了 PCD 机制,

它以概率 $\dfrac{L_i}{\sum\limits_{j\in N} L_j}$ 输出消费者位置 x_i.PCD 机制在消费者数量 n 是奇数时是策略对抗的, 当 $n=3$ 时的近似比是 $\dfrac{5}{4}=1.25$(此时随机独裁机制的近似比为 $\dfrac{4}{3}$), 当 n 趋于无穷时近似比逼近 2. 此外, Meir[47] 还提出了q-QCD 机制, 其中 q 是一个参数, 它输出消费者位置 x_i 的概率正比于 $\max\{L_i^2, q^2\}$. 他证明了 $\dfrac{1}{4}$-QCD 机制是策略对抗的, 当 $n=3$ 时的近似比是 $\dfrac{7}{6}$.

对于圈上的双设施选址问题, Lu 等 [38] 提出了下面的确定性群体策略对抗机制, 并证明其对社会费用有 $(n-1)$-近似.

机制 2.11 (双设施圈机制) 给定位置组合 $\boldsymbol{x}=(x_1, x_2, \cdots, x_n)$, 第一个设施开设在独裁者 x_1 处. 令 $\hat{x}_1$ 为 x_1 的对距点. 在 $\hat{x}_1$ 和 x_1 之间形成了两个半圆 $\mathcal{L}$ 和 $\mathcal{R}$. 令 A 和 B 分别是 $\mathcal{L}$ 和 $\mathcal{R}$ 中的消费者集合. 不妨设在 x_1 和 $\hat{x}_1$ 处的消费者 (如有) 位于 A 中, 因而 $A\cap B=\varnothing$. 定义 $d_A=\max\limits_{i\in A} d(x_1, x_i)$, $d_B=\max\limits_{i\in B} d(x_1, x_i)$(若 B 为空集, 则 $d_B=0$). 我们可得:

(1) 若 $d_A<d_B$, 则第二个设施放置在 $\mathcal{R}$ 中与 x_1 距离 $\min\{\max\{d_B, 2d_A\}, 1/2\}$ 的点处;

(2) 若 $d_A\geqslant d_B$, 则第二个设施放置在 $\mathcal{L}$ 中与 x_1 距离 $\min\{\max\{d_A, 2d_B\}, 1/2\}$ 的点处.

以图 2.3为例, $d_A=d(x_1, x_a)$, $d_B=d(x_1, x_b)$. 第一个设施位于 $y_1=x_1$ 处, 第二个设施的位置 y_2 位于左半圆 $\mathcal{L}$ 中与 x_1 距离 $\max\{d_A, 2d_B\}=2d_B$ 的点处.

双设施圈机制将第一个消费者指定为独裁者, 并将第一个设施开设在他的位置 x_1 上. 为了从直观上更好地理解该机制, 我们假设将圈从 $\hat{x}_1$ 点处剪断, 使之变为一条直线, 并将第一个设施的位置 x_1 视为这条直线的原点. 在这条直线上, 最右端的消费者的坐标是 d_B, 最左端的消费者的坐标是 $-d_A$. 如果从原点到最右端消费者的距离大于到最左端消费者的距离 (即 $d_B>d_A$), 则将第二个设施开设在坐标 $\max\{d_B, 2d_A\}$ 处, 否则将第二个设施开设在坐标 $-\max\{d_A, 2d_B\}$

处. 可以验证在直线上这个机制是群体策略对抗的, 且对社会费用有线性的近似比. 然而, 当我们从直线回到圈上时, 会出现一定的问题, 因为坐标 $\max\{d_B, 2d_A\}$ 和 $-\max\{d_A, 2d_B\}$ 可能会跨越 $\hat{x}_1$ 点, 到达另一个半圆, 这会破坏机制的策略对抗性. 因此我们对机制进行一定的调整, 将 $\hat{x}_1$ 作为一个截止点, 也就是说, 当 $\max\{d_B, 2d_A\}$ 大于 $\frac{1}{2}$ 或 $-\max\{d_A, 2d_B\}$ 小于 $-\frac{1}{2}$ 时, 将第二个设施开设在截止点 $\hat{x}_1$ 处.

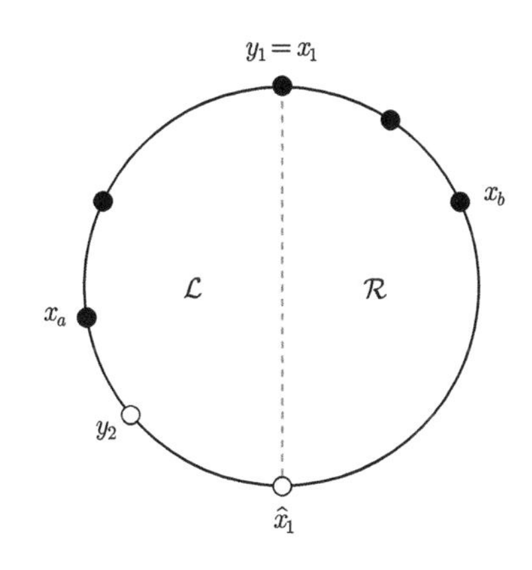

图 2.3　双设施圈机制的例子

Lu 等 [38] 证明了机制 2.11是群体策略对抗的, 对社会费用有 $n-1$ 的近似比, 并且对该机制近似比的分析无法被改进. 下面的例子说明了对近似比的分析是紧的. 考虑问题实例 $\boldsymbol{x} = (x_1, x_2, \cdots, x_n)$, 其中 $d(x_1, x_2) = d(x_1, x_3) = 0.1$, $x_3 = x_4 = \cdots = x_n.x_2$ 位于 x_1 的左侧, 而 x_3 位于 x_1 的右侧. 一个最优解是 (x_1, x_3), 最优的社会费用是 0.1, 但机制会将第二个设施开设在 x_1 左侧且距离它 0.2 的点处, 所导出的社会费用是 $0.1(n-1)$.

除了圈空间和一般度量空间之外, Dokow 等 [48] 还研究了离散线空间和离散圈空间, 其中消费者和设施都只能位于底图的顶点上, 给出了对于策略对抗机制的完整刻画, 但并未考虑机制的近似比. Filimonov 和 Meir [49] 给出了对于离散树空间和连续树空间上的满策略对抗机制的刻画, 其中一个机制 f 是满的 (onto), 如果对空间上任意一点 y 都存在一个消费者位置组合 $\boldsymbol{x}$ 使得 $f(\boldsymbol{x}) = y$. Alon

等[45] 证明了在树空间中随机策略对抗机制对最大费用的近似比不能好于 $2-o(1)$. Walsh[50] 研究了二维的欧氏空间和曼哈顿空间 (其中的距离为 L_1 距离), 基于一些公理化性质给出了关于不可能性的结论.

第 3 章　不同偏好信息下的设施选址博弈

设施选址机制设计问题的早期研究的一个共同特征是, 在他们研究的设定中, 消费者具有最喜欢的位置点 (即他们自己的位置), 且费用函数是该位置点与设施的距离. 在过去十年中, 出现了大量对不同模型设定的研究成果, 其中消费者的偏好变得更加多样化, 这也对设计具有良好近似比的策略对抗机制造成了极大的挑战. 本章将介绍一些重要的具有不同消费者偏好信息的变种模型. 在第 3.1节中, 我们介绍厌恶型 (obnoxious) 设施模型, 其中消费者希望距离设施越远越好. 在第 3.2节中, 我们介绍异质型 (heterogeneous) 设施模型, 其中设施具有不同特质, 消费者也对设施具有不同的偏好. 在第 3.3节中, 我们介绍其他类型的消费者偏好.

3.1　厌恶型设施

与经典设施选址博弈模型中消费者希望与设施的距离越近越好不同, 在厌恶型设施选址模型中, 消费者对设施是厌恶的, 并希望距离设施越远越好. 这模拟了政府要建造垃圾场或者污水处理厂的现实场景, 每个居民都想要尽可能远离这类不受欢迎的设施. 厌恶型设施选址模型由 Cheng 等 [5,51] 在 2011 年首先提出. 他们研究了单设施模型①, 其中消费者的*效用* (取代了经典模型中的费用) 定义为他与设施之间的距离. 正式地, 给定消费者位置组合 $\boldsymbol{x} \in M^n$ 和设施位置 $y \in M$, 每个消费者 $i \in N$ 的效用是

$$u(y, x_i) = d(y, x_i)$$

① 当有 $k \geqslant 2$ 个厌恶型设施时, 只需将所有设施放在同一个位置即可, 因此可以不失一般性地假设只有一个厌恶型设施需要开设, 即 $k = 1$.

一个机制是策略对抗的, 如果没有消费者可以通过谎报位置来增加自己的效用. 目标函数主要有两种: 最大化社会效用和最大化最小效用. 正式而言, 给定消费者位置组合 $\boldsymbol{x} \in M^n$ 和设施位置组合 $y \in M$, 社会效用 (或称为总效用) 定义为所有消费者的效用总和, 即

$$\mathrm{SU}(y, \boldsymbol{x}) = \sum_{i \in N} u(\boldsymbol{y}, x_i)$$

而最小效用定义为所有消费者效用中的最小值, 即

$$\mathrm{MU}(y, \boldsymbol{x}) = \min_{i \in N} u(\boldsymbol{y}, x_i)$$

针对最大化最小效用的目标函数, 当度量空间是一条线段 (可以看作一个闭区间) 时, Feigenbaum 和 Sethuraman[6] 通过给出确定性策略对抗机制的刻画, 证明了不存在具有有界近似比的确定性策略对抗机制. 具体而言, 每个确定性策略对抗机制能够选择的候选点必须不超过两个, 因此只需考虑一个消费者位置组合使得每个候选点上都有消费者存在, 这样任何确定性机制的最小效用都一定是 0, 而最优的最小效用是正数, 所以近似比是无穷的.Feigenbaum 和 Sethuraman[6] 还证明了随机策略对抗机制的近似比下界是 1.5, 但目前尚未有任何关于随机机制近似比上界的结果.

针对最大化社会效用的目标函数, Cheng 等 [5] 给出了一系列研究成果. 首先, 当度量空间是线段时, 他们提出了一个确定性群体策略对抗的 3-近似机制, 以及一个随机群体策略对抗的 1.5-近似机制. 当度量空间是圈或者树时, 他们提出了一个确定性群体策略对抗的 3-近似机制. 此外, 对于一般的图网络, 他们还提出了一个确定性的 4-近似机制和一个随机的 2-近似机制. 另外, 对于线段上的近似比下界, Feigenbaum 和 Sethuraman[6] 证明了确定性策略对抗机制的近似比下界是 3, 并将 Ye 等 [52] 提出的随机机制下界 1.077 改进到了 $\frac{2}{\sqrt{3}}$.

表 3.1汇总了在线段上厌恶型设施选址博弈的策略对抗机制的近似比上下界. 接下来我们仅对最大化社会效用的目标函数进行更具体的介绍.

表 3.1　厌恶型设施选址博弈的策略对抗机制的近似比上下界

目标函数	确定性机制	随机机制
社会效用	上界: 3	上界: 1.5
	下界: 3	下界: $\frac{2}{\sqrt{3}}$
最小效用	上界: ∞	上界: —
	下界: ∞	下界: 1.5

3.1.1　线段上的确定性机制

当度量空间是一条线段或者一个闭区间时, 我们不失一般性地用长度为 2 的区间 $[0,2]$ 表示. 首先, 容易看出, 对于任意的消费者位置组合 $\boldsymbol{x}$, 必有某个区间端点是最优解, 也就是说, 最优的社会效用等于 $\mathrm{OPT}(\boldsymbol{x})=\max\left\{\sum\limits_{i\in N}x_i, \sum\limits_{i\in N}(2-x_i)\right\}$. 不出意外的是, 永远输出最优解的机制不是策略对抗的. 考虑一个 $n=2$ 的实例, 其中 $x_1=\dfrac{2}{3}$, $x_2=\dfrac{6}{5}$, 最优解是 $y=2$, 此时消费者 2 的效用是 $\dfrac{4}{5}$. 然而如果消费者 2 谎报自己的位置为 $x_2'=2$, 则最优解是 $y'=0$, 此时消费者 2 的效用增加为 2, 因此该机制不是策略对抗的.

Cheng 等 [5] 提出了下面的群体策略对抗机制, 并证明其近似比为 3.

机制 3.1　给定在区间 $[0,2]$ 内的位置组合 $\boldsymbol{x}$, 令 n_1 为位于 $[0,1]$ 内的消费者个数, n_2 为位于 $(1,2]$ 内的消费者个数. 如果 $n_1\geqslant n_2$, 输出区间右端点 2, 否则输出区间左端点 0.

定理 3.1　对于线段上的厌恶型设施选址问题, 机制 3.1是群体策略对抗的, 且对社会效用有 3-近似.

证明　给定位置组合 $\boldsymbol{x}$, 不失一般性地假设 $n_1\geqslant n_2$, 且机制输出设施位置 $y=2$. 首先证明其群体策略对抗性. 令 $S\subseteq N$ 为任一消费者群体. 显然任何位于区间 $[0,1]$ 内的消费者都不愿意改变当前解, 所以可以假设 $x_i\in(1,2]$ 对于任意 $i\in S$. 令 n_1' 和 n_2' 分别是群体 S 谎报位置为 $\boldsymbol{x}_S'$ 后位于区间 $[0,1]$ 和 $(1,2]$ 内的消费者个数. 容易看出必有 $n_1\leqslant n_1'$, $n_2\geqslant n_2'$. 由 $n_1\geqslant n_2$ 可知 $n_1'\geqslant n_2'$, 机制的输出还是保持区间右端点 2 不变. 因此, 该机制是群体策略对抗的.

接下来证明近似比. 机制输出的解 $y=2$ 所导出的社会效用为

$$\mathrm{SU}(y,\boldsymbol{x})=\sum_{i\in N}u(y,x_i)=\sum_{i\in N}(2-x_i)\geqslant\sum_{x_i\in[0,1]}(2-x_i)\geqslant n_1$$

令 z 为区间 $[0,2]$ 内任意一点, 它对应的社会效用 $\mathrm{SU}(z,\boldsymbol{x})=\sum_{i\in N}d(z,x_i)$. 考虑一个新的消费者位置组合 $\boldsymbol{x}'$, 其中 n_1 个消费者在 1 点, n_2 个消费者在区间右端点 2 点. 设施位置 z 对 $\boldsymbol{x}'$ 的社会效用 $\mathrm{SU}(z,\boldsymbol{x}')=n_1d(1,z)+n_2d(2,z)$. 因为 $d(1,z)\leqslant 1$, $d(2,z)\leqslant 2$, 所以我们有

$$\mathrm{SU}(z,\boldsymbol{x}')\leqslant n_1+2n_2\leqslant 3n_1$$

其中最后一个不等式来自 $n_1\geqslant n_2$.

再令 D_1 为 $\mathrm{SU}(z,\boldsymbol{x})$ 和 $\mathrm{SU}(z,\boldsymbol{x}')$ 的差, 我们有

$$D_1=\mathrm{SU}(z,\boldsymbol{x})-\mathrm{SU}(z,\boldsymbol{x}')=\sum_{x_i\in[0,1]}[d(x_i,z)-d(1,z)]+\sum_{x_i\in(1,2]}[d(x_i,z)-d(2,z)]$$

再令 D_2 为 $\mathrm{SU}(y,\boldsymbol{x})$ 和 n_1 的差, 我们有

$$\begin{aligned}D_2&=\mathrm{SU}(y,\boldsymbol{x})-n_1\\&=\sum_{x_i\in[0,1]}[d(x_i,2)-d(1,2)]+\sum_{x_i\in(1,2]}d(x_i,2)\\&=\sum_{x_i\in[0,1]}d(x_i,1)+\sum_{x_i\in(1,2]}d(x_i,2)\end{aligned}$$

从而有

$$\begin{aligned}D_2-D_1=&\sum_{x_i\in[0,1]}[d(x_i,1)+d(1,z)-d(x_i,z)]+\\&\sum_{x_2\in(1,2]}[d(x_i,2)+d(2,z)-d(x_i,z)]\end{aligned}$$

由三角不等式可得 $D_2-D_1\geqslant 0$. 令 y^* 为实例 $\boldsymbol{x}$ 的最优解, 即 $\mathrm{OPT}(\boldsymbol{x})=\mathrm{SU}(y^*,\boldsymbol{x})$. 将 y^* 代入 z, 有 $D_1=\mathrm{OPT}(\boldsymbol{x})-\mathrm{SU}(y^*,\boldsymbol{x}')\leqslant D_2$. 再与 $\mathrm{SU}(y^*,\boldsymbol{x}')\leqslant$

$3n_1$ 和 $D_2 \geqslant 0$ 相结合, 可以得到

$$\frac{\text{OPT}(\boldsymbol{x})}{\text{SU}(y,\boldsymbol{x})} \leqslant \frac{\text{OPT}(\boldsymbol{x}) - D_2}{\text{SU}(y,\boldsymbol{x}) - D_2} \leqslant \frac{\text{OPT}(\boldsymbol{x}) - D_1}{\text{SU}(y,\boldsymbol{x}) - D_2} = \frac{\text{SU}(y^*,\boldsymbol{x}')}{n_1} \leqslant \frac{3n_1}{n_1} = 3 \qquad \square$$

对机制 3.1的近似比分析是紧的. 考虑一个实例, 其中 n_1 个消费者在 1 点, n_2 个消费者在 2 点, 并且 $n_1 = n_2$. 最优解是 $y^* = 0$, 最优的社会效用 $\text{OPT}(\boldsymbol{x}) = 2n_2 + n_1 = \frac{3}{2}n$. 机制 3.1输出的解是 $y = 2$, 其社会效用 $n_1 = \frac{n}{2} = \frac{\text{OPT}(\boldsymbol{x})}{3}$.

我们不加证明地叙述如下命题, 然后再给出确定性策略对抗机制的近似比下界 3(从而说明了机制 3.1已经做到最好). 完整证明请参考文献 [6] 和文献 [53].

命题 3.1　任意确定性策略对抗机制 f 能够选择的候选点都不超过两个, 也就是说, $|\{f(\boldsymbol{x}) \mid \forall \boldsymbol{x}\}| \leqslant 2$.

定理 3.2　对于线段上的厌恶型设施选址问题, 任何确定性策略对抗机制对社会效用的近似比都至少是 3.

证明　由命题 3.1, 设确定性策略对抗机制 f 能够选择的候选点为 a, b. 如果 $a = b$, 则显然 f 有无穷的近似比 (考虑所有消费者都在 a 点的实例). 因此不妨设 $a < b$. 考虑一个问题实例 $\boldsymbol{x}$, 其中 $x_1 = \cdots = x_{\frac{n}{2}} = a$, $x_{\frac{n}{2}+1} = \cdots = x_n = b$. 不失一般性地假设 $f(\boldsymbol{x}) = b$. 定义 $m = \frac{a+b}{2}$. 考虑另一个问题实例 $\boldsymbol{y}$, 其中 $y_1 = \cdots = y_{\frac{n}{2}} = m - \epsilon$, $y_{\frac{n}{2}+1} = \cdots = y_n = b$. 根据命题 2.1中的部分群体策略对抗性 (它对厌恶型设施选址问题也成立), 必定有 $f(\boldsymbol{y}) = f(\boldsymbol{x}) = b$. 这在 $\boldsymbol{y}$ 中导出的社会效用为 $\frac{n}{2}\left(\frac{b-a}{2} + \epsilon\right)$, 而将设施开设在 a 点所导出的社会效用为 $\frac{n}{2}\left(\frac{b-a}{2} - \epsilon\right) + \frac{n}{2}(b-a)$. 令 ϵ 趋于 0 则可得到比值为 3. $\square$

3.1.2　线段上的随机机制

Cheng 等[5] 提出了下面的随机群体策略对抗机制, 并证明其近似比为 1.5.

机制 3.2　给定在区间 $[0,2]$ 内的位置组合 $\boldsymbol{x}$, 令 n_1 为位于 $[0,1]$ 内的消费者个数, n_2 为位于 $(1,2]$ 内的消费者个数. 以概率 α 输出区间左端点 0. 以概率 $1-\alpha$ 输出区间右端点 2, 其中

$$\alpha = \frac{2n_1n_2 + n_2^2}{n_1^2 + n_2^2 + 4n_1n_2}$$

定理 3.3 对于线段上的厌恶型设施选址问题, 机制 3.1是随机群体策略对抗的, 且对社会效用有 1.5-近似.

证明 给定在区间 $[0,2]$ 内的位置组合 $\boldsymbol{x}$. 我们首先考虑两种特殊的情形: $n_1 = 0$ 和 $n_2 = 0$. 显然, 如果 $n_1 = 0(n_2 = 0)$, 机制以概率 1 将设施开设在 $y = 0(y = 2)$. 此时没有人有动机谎报自己的位置, 并且机制输出的解就是最优解, 即 $\mathrm{SU}(f(\boldsymbol{x}), \boldsymbol{x}) = \mathrm{OPT}(\boldsymbol{x})$.

下面我们针对 $n_1 \neq 0$ 且 $n_2 \neq 0$ 的情形证明群体策略对抗性和近似比. 引入一个参数 $\beta = \frac{n_1}{n_2}$, 使得概率 α 可以写成关于 β 的函数: $\alpha(\beta) = \frac{2\beta + 1}{\beta^2 + 4\beta + 1}$. 对其求导可得

$$\alpha'(\beta) = -\frac{2(\beta^2 + \beta + 1)}{(\beta^2 + 4\beta + 1)^2} < 0$$

这意味着函数 $\alpha(\beta)$ 是单调递减的.

令 $S \subseteq N$ 为任一群体. 如果在群体 S 谎报位置信息为 $\boldsymbol{x}'_S$ 后 n'_1 和 n'_2 满足 $\frac{n'_1}{n'_2} = \frac{n_1}{n_2}$(即 $\beta' = \beta$), 那么对任意 $i \in N$ 都有 $u(f(\boldsymbol{x}'), x_i) = u(f(\boldsymbol{x}), x_i)$. 但是如果 $\frac{n'_1}{n'_2} > \frac{n_1}{n_2}$, 那么至少有一个位于区间 $(1,2]$ 内的消费者 i 谎报他的位置为 $x'_i \in [0,1]$. 若 $n'_2 = 0$, 则有 $f(\boldsymbol{x}') = 2$, 以及

$$\begin{aligned} u(f(\boldsymbol{x}), x_i) - u(f(\boldsymbol{x}'), x_i) &= \alpha x_i + (1-\alpha)(2 - x_i) - (2 - x_i) \\ &= 2\alpha(x_i - 1) \\ &> 0 \end{aligned}$$

这说明消费者 i 在说谎后并没有增加自己的效用. 若 $n'_2 > 0$, 则由 $\alpha(\beta)$ 的单调性可知 $\alpha(\beta) > \alpha(\beta')$, 以及

$$\begin{aligned} u(f(\boldsymbol{x}), x_i) - u(f(\boldsymbol{x}'), x_i) = &[\alpha(\beta)x_i + (1-\alpha(\beta))(2 - x_i)] - \\ &[\alpha(\beta')x_i + (1-\alpha(\beta'))(2 - x_i)] \end{aligned}$$

$$
\begin{aligned}
&= 2(x_i - 1)\left(\alpha(\beta) - \alpha(\beta')\right) \\
&> 0
\end{aligned}
$$

类似地, 如果 $\frac{n_1'}{n_2'} < \frac{n_1}{n_2}$, 那么至少有一个位于区间 $[0,1]$ 内的消费者 i 谎报他的位置为 $x_i' \in (1,2]$, 由 $\alpha(\beta)$ 的单调性可知 $\alpha(\beta) < \alpha(\beta')$, 因此有

$$
u(f(\boldsymbol{x}), x_i) - u(f(\boldsymbol{x}'), x_i) = 2(x_i - 1)\left(\alpha(\beta) - \alpha(\beta')\right) \geqslant 0
$$

接下来证明 1.5 的近似比. 我们考虑如下两种情形.

情形 1　$y = 2$ 是最优解. 此时 $\mathrm{OPT}(\boldsymbol{x}) = \sum_{i \in N}(2 - x_i) \leqslant n_2 + 2n_1 = \frac{1+2\beta}{1+\beta}n$. 而机制导出的社会效用为

$$
\begin{aligned}
\mathrm{SU}(f(\boldsymbol{x}), \boldsymbol{x}) &= \alpha(\beta)\sum_{i \in N} x_i + (1 - \alpha(\beta))\sum_{i \in N}(2 - x_i) \\
&\geqslant \frac{1 + 2\beta - 2\alpha(\beta)\beta}{1 + 2\beta}\mathrm{OPT}(\boldsymbol{x}) \\
&= \frac{\beta^2 + 2\beta + 1}{\beta^2 + 4\beta + 1}\mathrm{OPT}(\boldsymbol{x}) \\
&\geqslant \frac{2}{3}\mathrm{OPT}(\boldsymbol{x})
\end{aligned}
$$

对于最后一个不等式, 我们令 $h(\beta) = \frac{\beta^2 + 2\beta + 1}{\beta^2 + 4\beta + 1}$, 导数 $h'(\beta) = 2\frac{\beta^2 - 1}{(\beta^2 + 4\beta + 1)^2}$. 不难看出函数 $h(\beta)$ 在区间 $[0,1]$ 上单调递减, 在区间 $(1, +\infty)$ 上单调递增. 因而 $h(\beta)$ 的最小值在 $\beta = 1$ 时取到, 此时有 $h(1) = \frac{2}{3}$.

情形 2　$y = 0$ 是最优解. 此时 $\mathrm{OPT}(\boldsymbol{x}) = \sum_{i \in N} x_i \leqslant n_1 + 2n_2 = \frac{2+\beta}{1+\beta}n$. 而机制导出的社会效用为

$$
\begin{aligned}
\mathrm{SU}(f(\boldsymbol{x}), \boldsymbol{x}) &= \alpha(\beta)\sum_{i \in N} x_i + (1 - \alpha(\beta))\sum_{i \in N}(2 - x_i) \\
&\geqslant \frac{2\alpha(\beta) + \beta}{2 + \beta}\mathrm{OPT}(\boldsymbol{x}) \\
&= \frac{\beta^2 + 2\beta + 1}{\beta^2 + 4\beta + 1}\mathrm{OPT}(\boldsymbol{x})
\end{aligned}
$$

$$\geqslant \frac{2}{3}\text{OPT}(\boldsymbol{x})$$

因此机制的近似比是 $\frac{3}{2} = 1.5$. □

对机制 3.1的上述近似比分析是紧的. 考虑一个实例 $\boldsymbol{x} = (1, \cdots, 1, 2, \cdots, 2)$, 其中 $n_1 = \frac{n}{2}$ 个消费者位于 1 点, $n_2 = \frac{n}{2}$ 个消费者位于 2 点. 显然最优解是 $y^* = 0$, 最优的社会效用是 $\text{OPT}(\boldsymbol{x}) = \text{SU}(0, \boldsymbol{x}) = \sum_{i \in N} x_i = \frac{3}{2}n$. 在机制 3.1中, 概率 $\alpha = \frac{1}{2}$, 也就是说, 以相等的概率选择 0 点和 2 点. 因此机制导出的社会效用为

$$\text{SU}(f(\boldsymbol{x}), \boldsymbol{x}) = \frac{1}{2}\sum_{i \in N} x_i + \frac{1}{2}\sum_{i \in N}(2 - x_i) = n = \frac{2}{3}\text{OPT}(\boldsymbol{x})$$

Feigenbaum 和 Sethuraman[6] 证明了随机机制的近似比至少是 $\frac{2}{\sqrt{3}}$.

定理 3.4 对于线段上的厌恶型设施选址问题, 任何随机策略对抗机制对社会效用的近似比都至少是 $\frac{2}{\sqrt{3}}$.

证明 假设 f 是一个具有近似比 $r < \frac{2}{\sqrt{3}}$ 的随机策略对抗机制. 考虑一个只有两个消费者的问题实例 $\boldsymbol{x} = (x_1, x_2)$, 其中 $x_1 = 1 - a$, $x_2 = 1 + a$, $a = 2\sqrt{3} - 3$. 由于对称性, 可以不失一般性地假设 $\Pr(f(\boldsymbol{x}) < x_1) \geqslant \Pr(f(\boldsymbol{x}) > x_2)$. 消费者 1 的期望效用最多是

$$(1 - a) \cdot \Pr(f(\boldsymbol{x}) < x_1) + (1 + a) \cdot \Pr(f(\boldsymbol{x}) > x_2) + 2a \cdot \Pr(x_1 \leqslant f(\boldsymbol{x}) \leqslant x_2)$$

因为 $\Pr(f(\boldsymbol{x}) < x_1) \geqslant \Pr(f(\boldsymbol{x}) > x_2)$ 和 $2a \leqslant 1$, 所以消费者 1 的期望效用不超过 1.

令 $\boldsymbol{x}' = (x_1', x_2)$ 为另一个实例, 其中 $x_1' = 0$. 令 $\mathbb{E}[f(\boldsymbol{x}')|f(\boldsymbol{x}') > x_2] - x_2$, 令 $p = \Pr(f(\boldsymbol{x}') > x_2)$ 为机制输出的解在 x_2 右侧的概率. 最优解是 2 点, 最优的社会效用等于 $3 - a$, 而机制导出的期望社会效用为

$$\text{SU}(f(\boldsymbol{x}'), \boldsymbol{x}')$$

$$= \mathop{\mathbb{E}}_{y\sim f(\boldsymbol{x}')}\left[\sum_{i\in\{1,2\}} d(x_i,y)\right] \geqslant p(1+a+b+b)+(1-p)(1+a)=1+a+2bp$$

由机制 f 的近似比 $r < \dfrac{2}{\sqrt{3}}$ 可知，必有 $1+a+2bp \geqslant \dfrac{3-a}{r}$，从而有 $bp \geqslant \dfrac{3-a}{2r}-\dfrac{1+a}{2}$. 又因为 $b \leqslant 1-a$，从而有 $p \geqslant \dfrac{1}{1-a}\left(\dfrac{3-a}{2r}-\dfrac{1+a}{2}\right)$. 因此，$x_1=1-a$ 点到 $f(\boldsymbol{x}')$ 的期望距离为

$$\begin{aligned}
\mathop{\mathbb{E}}_{y\sim f(\boldsymbol{x}')} d(1-a,y) &\geqslant p(2a+b)\\
&=2ap+bp\\
&\geqslant \frac{2a}{1-a}\left(\frac{3-a}{2r}-\frac{1+a}{2}\right)+\left(\frac{3-a}{2r}-\frac{1+a}{2}\right)\\
&=\left(\frac{2a}{1-a}+1\right)\left(\frac{3-a}{2r}-\frac{1+a}{2}\right)\\
&>\left(\frac{2a}{1-a}+1\right)\left(\sqrt{3}\cdot\frac{3-a}{4}-\frac{1+a}{2}\right)\\
&=1
\end{aligned}$$

所以在实例 $\boldsymbol{x}$ 中的消费者 1 通过谎报自己的位置为 $x_1'=0$，可以增加自己的效用，这与机制 f 的策略对抗性矛盾. □

3.1.3 圈、树和一般图网络

当度量空间为圈空间 (S^1,d) 时，不妨设圈 S^1 的周长为 1. 圈上任意一点 x 都可以被看作一个实数 $x\in[0,1]$，点 $x=0$ 与点 $x=1$ 重合. 对于 $x<y\leqslant 1$，用 $[x,y]$ 表示点 x 和点 y 沿顺时针方向形成的闭圆弧，用 (x,y) 表示开圆弧.Cheng 等 [5] 提出了下面的确定性机制，并证明了近似比.

机制 3.3　给定圈上的消费者位置组合 $\boldsymbol{x}$，令 n_1 为位于圆弧 $\left[0,\dfrac{1}{2}\right]$ 上的消费者个数，n_2 为位于圆弧 $\left(\dfrac{1}{2},1\right)$ 上的消费者个数. 如果 $n_1\geqslant n_2$，输出点 $\dfrac{3}{4}$，否则输出点 $\dfrac{1}{4}$.

定理 3.5 对于圈上的厌恶型设施选址问题, 机制 3.3是确定性群体策略对抗的, 且对社会效用是 3-近似的.

证明 给定圈上的消费者位置组合 $\boldsymbol{x}$, 首先证明群体策略对抗性. 令 $S \subseteq N$ 为任一消费者群体, 只需证明至少有一个群体成员不能通过谎报来获益. 不失一般性地假设 $n_1 \geqslant n_2$, 机制输出 $y = \frac{3}{4}$. 令 n_1' 和 n_2' 表示群体 S 谎报了 $\boldsymbol{x}_S'$ 后位于圆弧 $\left[0, \frac{1}{2}\right]$ 和 $\left(\frac{1}{2}, 1\right)$ 上的消费者数量. 如果 $n_1' \geqslant n_2'$, 则机制的输出不变, 消费者的效用也不变. 如果 $n_1' < n_2'$, 则设施的位置由 $y = \frac{3}{4}$ 变为 $y' = \frac{1}{4}$. 此时至少有一个位于 $\left[0, \frac{1}{2}\right]$ 上的消费者 $i \in S$ 将他的位置 $x_i \in \left[0, \frac{1}{2}\right]$ 谎报为 $x_i' \in \left(\frac{1}{2}, 1\right)$. 然而, 他的效用

$$u(y', x_i) = d\left(\frac{1}{4}, x_i\right) \leqslant \frac{1}{4} \leqslant d\left(\frac{3}{4}, x_i\right) = u(y, x_i)$$

与真实汇报的效用相比并不可能增加.

接下来证明近似比 3. 只需考虑 $n_1 \geqslant n_2$ 的情形. 机制输出 $y = \frac{3}{4}$, 导出的社会效用为

$$\begin{aligned}
\mathrm{SU}(y, \boldsymbol{x}) &= \sum_{i \in N} u\left(\frac{3}{4}, x_i\right) = \sum_{i \in N} d\left(\frac{3}{4}, x_i\right) \\
&= \sum_{x_i \in [0, \frac{1}{2}]} d\left(\frac{3}{4}, x_i\right) + \sum_{x_i \in (\frac{1}{2}, 1)} d\left(\frac{3}{4}, x_i\right) \geqslant \frac{1}{4} n_1
\end{aligned}$$

此外我们假设有 k 个消费者位于圆弧 $\left[0, \frac{1}{4}\right]$, l 个消费者位于圆弧 $\left(\frac{1}{4}, \frac{1}{2}\right]$. 显然 $k + l = n_1$. 令 y^* 为最优解, $\mathrm{OPT}(\boldsymbol{x}) = \sum_{i \in N} d(y^*, x_i)$. 我们讨论四种情形, 即 y^* 分别位于圆弧 $\left[0, \frac{1}{4}\right]$、$\left(\frac{1}{4}, \frac{1}{2}\right]$、$\left(\frac{1}{2}, \frac{3}{4}\right]$ 和 $\left(\frac{3}{4}, 1\right]$. 实际上, 我们下面只考虑当 $y^* \in \left[0, \frac{1}{4}\right]$ 时的情形, 其他三种情形的证明与之类似.

当 $y^* \in \left[0, \frac{1}{4}\right]$ 时, 其对跖点 $\hat{y}$ 必定在圆弧 $\left[\frac{1}{2}, \frac{3}{4}\right]$ 上, 如图 3.1 所示. 考虑一个新的问题实例 $\boldsymbol{x}'$, 其中 k 个消费者在 0 点, l 个消费者在 $\frac{1}{2}$ 点, n_2 个消费者在

$\dfrac{3}{4}$ 点. 如果设施放置在 y^* 点, 定义一个新的函数来表示它对实例 $\boldsymbol{x}'$ 的社会效用:

$$
\begin{aligned}
F(y^*) := \mathrm{SU}(y^*, \boldsymbol{x}') &= ky^* + l\left(\frac{1}{2} - y^*\right) + n_2\left(\frac{1}{4} + y^*\right) \\
&= (k + n_2 - l)y^* + \frac{1}{2}l + \frac{1}{4}n_2
\end{aligned}
$$

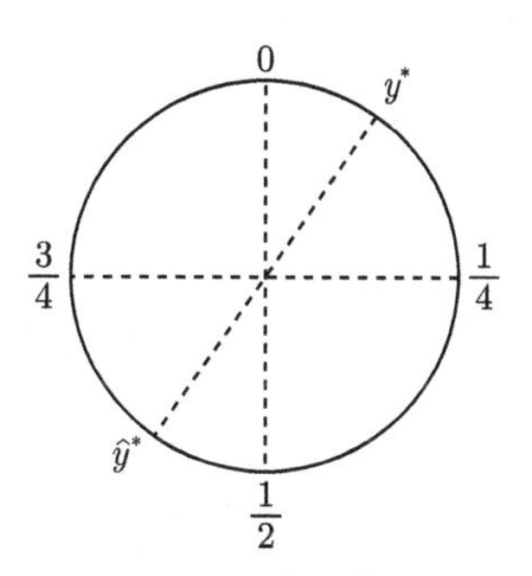

图 3.1　当 $y^* \in \left[0, \dfrac{1}{4}\right]$ 时的情形

显然, 函数 $F(y^*)$ 在区间 $\left[0, \dfrac{1}{4}\right]$ 上是线性的, 并且

$$
F(y^*) \leqslant \begin{cases} \dfrac{1}{4}n_1 + \dfrac{1}{2}n_2, & k + n_2 - l > 0 \\[2ex] \dfrac{1}{2}l + \dfrac{1}{4}n_2, & k + n_2 - l \leqslant 0 \end{cases} \tag{3.1}
$$

由 $l \leqslant n_1$ 和 $n_2 \leqslant n_1$ 可知, $F(y^*) \leqslant \dfrac{3}{4}n_1$.

我们用 D_1 表示 $\mathrm{OPT}(\boldsymbol{x})$ 和 $F(y^*)$ 的差:

$$
\begin{aligned}
D_1 =& \mathrm{OPT}(\boldsymbol{x}) - F(y^*) \\
=& \sum_{x_i \in [0, y^*]} (-x_i) + \sum_{x_i \in (y^*, \frac{1}{4}]} (x_i - 2y^*) + \sum_{x_i \in (\frac{1}{4}, \frac{1}{2}]} \left(x_i - \frac{1}{2}\right) + \\
& \sum_{x_i \in (\frac{1}{2}, \hat{y}^*]} \left(x_i - \frac{1}{4} - 2y^*\right) + \sum_{x_i \in (\hat{y}^*, \frac{3}{4}]} \left(\frac{3}{4} - x_i\right) + \sum_{x_i \in (\frac{3}{4}, 1)} \left(x_i - \frac{3}{4}\right)
\end{aligned}
$$

用 D_2 表示 $\mathrm{SU}(y,\boldsymbol{x})$ 和 $\frac{1}{4}n_1$ 的差:

$$\begin{aligned}
D_2 &= \mathrm{SU}(y,\boldsymbol{x}) - \frac{1}{4}n_1 \\
&= \sum_{i\in N} d\left(x_i, \frac{3}{4}\right) - \frac{1}{4}n_1 \\
&= \sum_{x_i\in[0,\frac{1}{4}]} x_i + \sum_{x_i\in(\frac{1}{4},\frac{1}{2}]} \left(\frac{1}{2} - x_i\right) + \sum_{x_i\in(\frac{1}{2},\frac{3}{4}]} \left(\frac{3}{4} - x_i\right) + \sum_{x_i\in(\frac{3}{4},1)} \left(x_i - \frac{3}{4}\right) \\
&\geqslant 0
\end{aligned}$$

不难看出 $D_1 \leqslant D_2$. 又因为 $\mathrm{OPT}(\boldsymbol{x}) \geqslant \mathrm{SU}(y,\boldsymbol{x})$, $F(y^*) \leqslant \frac{3}{4}n_1$, $D_2 \geqslant 0$, 所以

$$\frac{\mathrm{OPT}(\boldsymbol{x})}{\mathrm{SU}(y,\boldsymbol{x})} \leqslant \frac{\mathrm{OPT}(\boldsymbol{x}) - D_2}{\mathrm{SU}(y,\boldsymbol{x}) - D_2} \leqslant \frac{\mathrm{OPT}(\boldsymbol{x}) - D_1}{\mathrm{SU}(y,\boldsymbol{x}) - D_2} = \frac{F(y^*)}{\frac{1}{4}n_1} \leqslant \frac{\frac{3}{4}n_1}{\frac{1}{4}n_1} = 3$$

近似比得证. □

对机制 3.3的上述近似比分析是紧的. 考虑一个实例 $\boldsymbol{x}$, 其中 $n_1 = \frac{n}{2}$ 个消费者位于 0 点, $n_2 = \frac{n}{2}$ 个消费者位于 $\frac{3}{4}$ 点. 显然最优解是 $y^* = \frac{3}{8}$, 最优的社会效用是 $\mathrm{OPT}(\boldsymbol{x}) = \frac{3}{8}n$. 机制 3.3输出的解是 $\frac{3}{4}$, 导出的社会效用 $\mathrm{SU}\left(\frac{3}{4},\boldsymbol{x}\right) = \frac{1}{8}n = \frac{1}{3}\mathrm{OPT}(\boldsymbol{x})$.

当度量空间为树空间 (T,d) 时, 其中 $T=(V,E)$ 是一棵树, Cheng 等 [5] 将线段上的确定性机制 (机制 3.1) 推广到树上, 并证明了它依然是群体策略对抗的, 并且对社会效用是 3-近似的. 该机制如下: 给定消费者位置组合 $\boldsymbol{x}$, 首先构造一棵新树 $T'=(V',E)$, 其中 V' 等于 V 并上 $\bigcup_{i\in N} x_i$, E' 也做相应的更新. 令 $P[a,b]$ 是树 T' 上的一条最长的路, $P[a,b]$ 的长度就是 T' 的直径. 令 m_{ab} 为 $P[a,b]$ 的中点. 假设 m_{ab} 点在边 $(r,s)\in E'$ 上, 其中 r 距离 a 比距离 b 更近. 如果 m_{ab} 恰好是 V' 中的一个顶点, 则假设它与 r 重合. 我们删去边 (r,s), 这样 T' 随之分解成两个子树 T'_a 和 T'_b, 其中 T'_a 包含点 a, T'_b 包含点 b. 令 n_1 和 n_2 分别是位于子

树 T'_a 和 T'_b 中的消费者个数. 如果 $n_1 \geqslant n_2$, 机制输出设施位置 b 点, 否则输出 a 点. 因为线段是树空间的一种特殊情形, 所以定理 3.2中的下界 3 在树空间中依然成立, 从而上述机制的近似比 3 已经做到最好.

当度量空间由一个一般的图网络 $G = (V, E)$ 生成时, Cheng 等 [5] 通过修改线段上的确定性机制 (机制 3.1) 得到了一个确定性群体策略对抗的 4-近似机制: 首先找到图 G 的最长路 $P[a, b]$, 然后将消费者位置分为两个不相交的集合 $S_a = \{x_i | d(x_i, a) \leqslant d(x_i, b)\}$ 和 $S_b = \{x_i | d(x_i, a) > d(x_i, b)\}$. 令 n_1 和 n_2 分别是位于 S_a 和 S_b 中的消费者数量. 如果 $n_1 \geqslant n_2$, 机制输出设施位置 b 点, 否则输出 a 点. 此外, 如果以各为 $\frac{1}{2}$ 的概率分别输出 a 点和 b 点的话, 显然这个随机机制是群体策略对抗的, 并且可以证明其对于社会效用有 2-近似.

进一步, 对于一般的度量空间, Ibara 和 Nagamochi[53] 刻画了策略对抗机制, 并提出了一类对社会效用有 4-近似的确定性策略对抗机制, 这类机制包含了上述 Cheng 等 [5] 提出的对于一般图网络的确定性机制.

3.2　异 质 设 施

在许多现实场景中, 消费者的偏好和设施都是*异质* (heterogeneous) 的: 每个设施都服务于不同的需求, 每个消费者都有潜在的不同需求. 比如, 以政府计划建设学校和工厂为例, 市民对这两个设施的偏好可能会明显不同. 那些在工厂工作并且也有孩子要上学的市民希望这两个设施都建在离家近的地方, 没有孩子的市民会为了避免噪声而希望学校建得很远, 而那些不在工厂工作的市民则希望工厂的位置远离他们的家, 以免受污染物排放所带来的影响. 这个例子说明了每个消费者可能会希望距离设施近, 也可能会希望距离设施远, 还有可能对于设施的位置无所谓.

Zou 和 Li[7] 与 Feigenbaum 和 Sethuraman[6] 分别独立提出了*双重偏好* (dual preference) 模型, 其中消费者被分为两类, 第一类消费者希望距离设施越远越好 (即认为设施是厌恶型的), 而第二类消费者则希望距离设施越近越好 (即认为设施是经典型的).Serafino 和 Ventre [54] 以及 Yuan 等 [10] 研究了双设施的可选偏好 (optional preference) 模型, 其中每个消费者要么对某一个设施感兴趣, 要么对两个设施都感兴趣, 其费用等于他与自己感兴趣的设施的距离之和.Anastasiadis 和 Deligkas[55] 对于多设施选址博弈研究了一种融合了双重偏好和可选偏好的模型, 每个消费者对每个设施或者喜爱, 或者厌恶, 或者不感兴趣.Fong 等 [56] 研究了另一种对于可选偏好的拓展模型, 称之为分数偏好 (fractional preference) 模型, 其中每个消费者 $i \in N$ 对两个设施的偏好分别是 $p_{i1}, p_{i2} \in [0,1]$, 且 $p_{i1} + p_{i2} = 1$.

下面我们对异质设施选址博弈的结果进行更具体的介绍. 第 3.2.1节介绍双重偏好模型, 第 3.2.2节介绍可选偏好模型, 第 3.2.3节介绍基于双重偏好和可选偏好的拓展偏好模型.

3.2.1 双重偏好

在带有双重偏好的单设施选址模型中 [6,7], 设消费者和设施都位于区间 $[0,2]$ 内. 每个消费者 $i \in N$ 除了位置 $x_i \in [0,2]$ 外, 还有偏好 $p_i \in \{0,1\}$.$p_i = 1$ 意味着消费者 i 想要离设施越近越好 (经典型设施), 而 $p_i = 0$ 则意味着消费者 i 想要离设施越远越好 (厌恶型设施). 令 $\boldsymbol{p} = (p_1, \cdots, p_n)$ 表示消费者的偏好组合. 令 $c_i = (x_i, p_i)$ 表示消费者 i 的信息, 令 $\boldsymbol{c} = (x_1, p_1, \cdots, x_n, p_n)$ 表示消费者信息组合. 假设设施开设的位置在 y, 则偏好为 0 的消费者的效用定义为他与设施之间的距离, 而偏好为 1 的消费者的效用定义为区间长度 2 减去他与设施之间的距离. 正式而言, 消费者 $i \in N$ 的效用是

$$u(y, c_i) = \begin{cases} d(y, x_i), & p_i = 0 \\ 2 - d(y, x_i), & p_i = 1 \end{cases} \tag{3.2}$$

一个机制 f 将消费者信息组合 $\boldsymbol{c}$ 映射到设施位置 $f(\boldsymbol{c}) \in [0,2]$. 机制被称为策略对抗的, 如果任何消费者都不能通过谎报自己的信息 (位置或偏好) 来增加自己的效用.

对于最大化社会效用的目标函数 $\mathrm{SU}(y,\boldsymbol{c}) = \sum_{i\in N} u(y,c_i)$, Zou 和 Li[7] 以及 Feigenbaum 和 Sethuraman[6] 分别独立提出了下面的确定性 3-近似机制.

机制 3.4　给定消费者信息组合 $\boldsymbol{c}$, 令 $R = \{i : p_i = 0, x_i \leqslant 1\} \cup \{i : p_i = 1, x_i \geqslant 1\}$, 以及 $L = \{i : p_i = 0, x_i > 1\} \cup \{i : p_i = 1, x_i < 1\}$. 如果 $|R| \geqslant |L|$, 则将设施开设在区间右端点 2 处, 否则开设在左端点 0 处.

显然, $R \subseteq N$ 是所有喜欢右端点超过左端点的消费者集合, 而 L 是更喜欢左端点的消费者集合. 机制 3.4将设施开设在更受消费者欢迎的端点处, 这个思想与厌恶型设施选址问题中的机制 3.1是一致的. 下面证明其策略对抗性和近似比.

定理 3.6　对于带双重偏好的单设施选址问题, 机制 3.4是群体策略对抗的, 且对社会效用有 3-近似.

证明　给定消费者信息组合 $\boldsymbol{c} = (\boldsymbol{x}, \boldsymbol{p})$, 不失一般性地假设 $|R| \geqslant |L|$, 且机制输出设施位置 $y = 2$. 首先证明其群体策略对抗性. 令 $S \subseteq N$ 为任一消费者群体. 显然任何 R 中的消费者都不愿意改变当前解, 所以可以假设 $S \subseteq L$. 令 R' 和 L' 分别是群体 S 谎报位置为 $\boldsymbol{x}'_S$ 后相应的消费者集合. 容易看出必有 $|R| \leqslant |R'|$, $|L| \geqslant |L'|$. 由 $|R| \geqslant |L|$ 可知 $|R'| \geqslant |L'|$, 机制的输出还是区间右端点 2 不变. 因此, 该机制是群体策略对抗的.

接下来证明近似比为 3, 也就是 $\dfrac{\mathrm{SU}(y^*,\boldsymbol{c})}{\mathrm{SU}(f(\boldsymbol{c}),\boldsymbol{c})} \leqslant 3$, 其中 $y^* \in [0,2]$ 为最优解. 对于 $j \in \{0,1\}$, 令 $R_j \subseteq R$ 为 R 中偏好为 j 的消费者集合, $L_j \subseteq L$ 为 L 中偏好为 j 的消费者集合. 定义

$$q_1 = \mathrm{SU}(y^*,\boldsymbol{c}) = \sum_{i\in R_0\cup L_0} d(x_i,y^*) + \sum_{i\in R_1\cup L_1} (2 - d(x_i,y^*))$$

以及

$$\begin{aligned} q_2 = \mathrm{SU}(f(\boldsymbol{c}),\boldsymbol{c}) &= \sum_{i\in R_0\cup L_0} d(x_i,2) + \sum_{i\in R_1\cup L_1} (2 - d(x_i,2)) \\ &= \sum_{i\in R_0\cup L_0} (2 - x_i) + \sum_{i\in R_1\cup L_1} x_i \end{aligned}$$

因为 $\frac{q_1}{q_2} \geqslant 1$, 对于任意 $i \in R_1 \cup L_1$, 不难看出, 减小 x_i 的数值只会增大 $\frac{q_1}{q_2}$ 的值, 因而不妨设对所有 $i \in R_1$ 有 $x_i = 1$, 对所有 $i \in L_1$ 有 $x_i = 0$. 类似地, 也对消费者 $i \in R_0 \cup L_0$ 的位置做相应的处理. 我们有

$$\frac{q_1}{q_2} \leqslant \frac{\sum_{i \in R_0} |y^* - 1| + \sum_{i \in L_0 \cup L_1} (2 - y^*) + \sum_{i \in R_1} (2 - |y^* - 1|)}{|R|}$$

我们对最优解 y^* 的位置分两种情形讨论.

情形 1 $y^* \in [0,1]$. 此时有

$$\begin{aligned} & \sum_{i \in R_0} |y^* - 1| + \sum_{i \in L_0 \cup L_1} (2 - y^*) + \sum_{i \in R_1} (2 - |y^* - 1|) \\ = \ & |R_0| + 2|L_0| + 2|L_1| + |R_1| + y^*(-|R_0| - |L_0| - |L_1| + |R_1|) \\ = \ & |R| + 2|L| + y^*(|R_1| - |R_0| - |L|) \\ \leqslant \ & \max\{|R| + 2|L|, |L| + 2|R_1|\} \end{aligned}$$

其中不等式成立是因为当 $|R_1| - |R_0| - |L| \leqslant 0$ 时, 最大值在 $y^* = 0$ 时取到, 而当 $|R_1| - |R_0| - |L| > 0$ 时, 最大值在 $y^* = 1$ 时取到. 又因为 $|R| \geqslant |L|$, 我们有

$$\max\{|R| + 2|L|, |L| + 2|R_1|\} \leqslant 3|R|$$

从而 $\frac{q_1}{q_2} \leqslant \frac{3|R|}{|R|} = 3$, 得证.

情形 2 $y^* \in (1,2]$. 此时有

$$\begin{aligned} & \sum_{i \in R_0} |y^* - 1| + \sum_{i \in L_0 \cup L_1} (2 - y^*) + \sum_{i \in R_1} (2 - |y^* - 1|) \\ = \ & -|R_0| + 2|L_0| + 2|L_1| + 3|R_1| + y^*(|R_0| - |L_0| - |L_1| - |R_1|) \\ \leqslant \ & \max\{|L| + 2|R_2|, |R|\} \\ \leqslant \ & 3|R| \end{aligned}$$

从而 $\frac{q_1}{q_2} \leqslant \frac{3|R|}{|R|} = 3$, 得证. □

由定理 3.2 可知, 对于线段上的厌恶型设施选址问题, 任何确定性策略对抗机制对社会效用的近似比都至少是 3. 由于双重偏好设施选址问题是厌恶型设施选址问题的一般化, 确定性机制的近似比下界也至少是 3, 因此机制 3.4的近似比已经做到最好.

接下来考虑随机机制. 对于社会效用 2-近似的随机机制是平凡的, 只需以 $\frac{1}{2}$ 的概率分别选择区间的左右端点 0 和 2, 因为至少有一个端点是最优解. Feigenbaum 和 Sethuraman[6] 提出了一种具有更好近似比的随机机制.

机制 3.5 令 $p_1 = \frac{12}{23}$, $p_2 = \frac{8}{23}$, $p_3 = \frac{3}{23}$. 给定消费者信息组合 $\boldsymbol{c}$, 如果 $|R| \geqslant |L|$, 则 $\Pr(f(\boldsymbol{c}) = 2) = p_1$, $\Pr(f(\boldsymbol{c}) = 0) = p_2$; 如果 $|R| < |L|$, 则 $\Pr(f(\boldsymbol{c}) = 2) = p_2$, $\Pr(f(\boldsymbol{c}) = 0) = p_1$. 在两种情况下都有 $\Pr(f(\boldsymbol{c}) = 1) = p_3$.

定理 3.7 对于带双重偏好的单设施选址问题, 机制 3.5是随机策略对抗的, 且对社会效用的近似比为 $\frac{23}{13} \approx 1.7692$.

由定理 3.4可知, 对于线段上的厌恶型设施选址问题, 任何随机策略对抗机制对社会效用的近似比都至少是 $\frac{2}{\sqrt{3}} \approx 1.1547$, 因此双重偏好设施选址问题的随机机制近似比下界也至少是 $\frac{2}{\sqrt{3}}$.

考虑一个新的场景, 假设所有消费者的位置都是已知的公共信息, 因此消费者只需将自己的偏好汇报给机制. 在这种场景下, 称一个机制是策略对抗的, 如果没有消费者能通过谎报自己的偏好来获益. Zou 和 Li[7] 证明了存在一个策略对抗机制最优化社会效用.

机制 3.6 给定消费者信息组合 $\boldsymbol{c}$, 定义 $x_0 = 0$, $x_{n+1} = 2$. 将设施开设在满足 $\mathrm{SU}(x_j, \boldsymbol{c}) = \max\limits_{i=0,\cdots,n+1} \mathrm{SU}(x_i, \boldsymbol{c})$ 的点 x_j 处. 如果有多个这样的点, 选择最左边的.

定理 3.8 对于带双重偏好的单设施选址问题, 当消费者位置已知时, 机制 3.6是策略对抗的, 且能够最优化社会效用.

证明 由社会效用函数的表达式可知, 最优解一定出现在两个区间端点处或者消费者位置处. 由于机制 3.6遍历了所有这样的位置, 因此必然是最优的. 只需证明其策略对抗性. 给定消费者信息组合 $\boldsymbol{c}$, 假设具有偏好 p_i 的消费者 $i \in N$ 谎报自己的偏好为 $p_i' = 1 - p_i$, 谎报后的消费者信息组合为 $\boldsymbol{c}'$. 机制对于 $\boldsymbol{c}$ 和 $\boldsymbol{c}'$ 的输出分别是 y 和 y'. 讨论下面两种情形.

情形 1 $p_i = 0$. 定义函数 $g(y, \boldsymbol{c}, i) = \sum_{j \in N \setminus \{i\}} u(y, c_j)$ 表示除 i 外其他消费者的效用总和. 社会效用可写作

$$\mathrm{SU}(y, \boldsymbol{c}) = u(y, c_i) + g(y, \boldsymbol{c}, i) = g(y, \boldsymbol{c}, i) + d(x_i, y)$$

类似地,

$$\mathrm{SU}(y, \boldsymbol{c}') = u(y, c_i') + g(y, \boldsymbol{c}', i) = g(y, \boldsymbol{c}', i) + 2 - d(x_i, y)$$

定义函数 $df(y) = \mathrm{SU}(y, \boldsymbol{c}') - \mathrm{SU}(y, \boldsymbol{c})$. 因为每个消费者 $j \neq i$ 在 $\boldsymbol{c}$ 和 $\boldsymbol{c}'$ 中汇报的信息是相同的, 所以 $g(y, \boldsymbol{c}, i) = g(y, \boldsymbol{c}', i)$ 以及 $df(y) = 2 - 2 \cdot d(x_i, y)$. 类似地, $df(y') = 2 - 2 \cdot d(x_i, y')$. 由机制可知, $\mathrm{SU}(y, \boldsymbol{c}) = \max_{i=0,\cdots,n+1} \mathrm{SU}(x_i, \boldsymbol{c})$, 因此 $\mathrm{SU}(y, \boldsymbol{c}) \geqslant \mathrm{SU}(y', \boldsymbol{c})$. 类似地, 还有 $\mathrm{SU}(y', \boldsymbol{c}') \geqslant \mathrm{SU}(y, \boldsymbol{c}')$. 因此 $\mathrm{SU}(y', \boldsymbol{c}) + df(y') \geqslant \mathrm{SU}(y, \boldsymbol{c}) + df(y)$, 可以推出 $df(y') - df(y) \geqslant \mathrm{SU}(y, \boldsymbol{c}) - \mathrm{SU}(y', \boldsymbol{c}) \geqslant 0$, 于是有

$$2 \cdot d(x_i, y) - 2 \cdot d(x_i, y') = df(y') - df(y) \geqslant 0$$

也就是说, 消费者 i 到 y 的距离要大于或等于他到 y' 的距离. 因为 $p_i = 0$, 消费者 i 希望距离设施越远越好, 所以他不能从谎报中获益.

情形 2 $p_i = 1$. 与情形 1 的讨论相似. □

3.2.2 可选偏好

在带有可选偏好的双设施选址模型中 [8, 10], 两个设施 $\mathcal{F} = \{F_1, F_2\}$ 需要开设在一条实线上. 每个消费者 $i \in N$ 具有位置 $x_i \in \mathbb{R}$ 和偏好 $p_i \subseteq \mathcal{F}$, 其中位置信息是公开的, 而偏好信息是私人的, 需要消费者报告. 偏好 p_i 代表了消费者 i 喜爱的设施集合, 可能是 $\{F_1,\}$、$\{F_2\}$ 或者 $\{F_1, F_2\}$. 令 $c_i = (x_i, p_i)$ 表示消费者 $i \in N$ 的信息. 对于 $j = 1, 2$, 令 $X_j = \{x_i | p_i = \{F_j\}\}$ 表示所有偏好为 $\{F_j\}$ 的消费者位

置集合, 令 $X_{12} = \{x_i | p_i = \{F_1, F_2\}\}$ 表示所有偏好为 $\{F_1, F_2\}$ 的消费者位置集合. 定义 $V_1 = X_1 \cup X_{12}$, $V_2 = X_2 \cup X_{12}$.

给定设施位置 $\boldsymbol{y} = (y_1, y_2)$, 其中设施 F_1、F_2 的位置分别是 y_1、y_2, 每个消费者 $i \in N$ 的费用有三种定义方式.

(1) 求和型费用: 等于 i 与所有喜爱的设施之间的距离和,

$$c(\boldsymbol{y}, c_i) = \sum_{F_j \in p_i} d(x_i, y_j)$$

(2) 最小型费用: 等于 i 与最近的喜爱设施之间的距离,

$$c(\boldsymbol{y}, c_i) = \min_{F_j \in p_i} d(x_i, y_j)$$

(3) 最大型费用: 等于 i 与最远的喜爱设施之间的距离,

$$c(\boldsymbol{y}, c_i) = \max_{F_j \in p_i} d(x_i, y_j)$$

一个确定性机制是策略对抗的, 如果没有消费者能通过谎报自己的偏好来减少费用. 一个随机机制是策略对抗的, 如果没有消费者能通过谎报自己的偏好来减少期望费用.

Serafino 和 Ventre 在文献 [8] 中对于求和型费用研究了最小化社会费用的目标函数 $\mathrm{SC}(\boldsymbol{y}, \boldsymbol{c}) = \sum_{i \in N} c(\boldsymbol{y}, c_i)$, 提出了 $(n-1)$-近似的确定性策略对抗机制 (称为两极端机制), 并证明了所有确定性策略对抗机制的近似比都至少是 $\frac{9}{8}$. Serafino 和 Ventre 在文献 [9] 中对于求和型费用研究了最小化最大费用的目标函数 $\mathrm{MC}(\boldsymbol{y}, \boldsymbol{c}) = \max_{i \in N} c(\boldsymbol{y}, c_i)$, 证明了两极端机制是 3-近似的, 所有确定性策略对抗机制的近似比都至少是 $\frac{3}{2}$. 此外, 他们还证明了随机算法的近似比上下界分别是 $\frac{3}{2}$ 和 $\frac{4}{3}$. 注意上述所有关于近似比下界的结果都只当空间为离散的线时成立, 而上界对于实线和离散的线都成立.

Yuan 等 [10] 研究了最小型费用和最大型费用下的确定性机制. 在最小型费用下, Yuan 等证明了确定性机制对于最大费用的目标函数 MC 的上下界分别是 2

和 $\frac{4}{3}$, 对于社会费用的目标函数 SC 的上下界分别是 $\frac{n}{2}+1$ 和 2. 在最大型费用下, Yuan 等提出了对于最大费用的最优机制, 以及对于社会费用的 2-近似机制. 表 3.2汇总了可选偏好双设施模型中确定性机制的近似比上下界.

表 3.2　可选偏好双设施模型中确定性机制的近似比上下界 [10]

费用类型\目标函数	社会费用	最大费用
最小型	上界: $\frac{n}{2}+1$	上界: 2
	下界: 2	下界: $\frac{4}{3}$
最大型	上界: 2	上界: 1
	下界: —	下界: —

接下来我们对上述结果按照不同的费用类型进行具体的介绍.

在求和型费用的设定中, 每个消费者的费用等于他与所有喜爱的设施之间的距离和. 首先证明确定性机制对于社会费用的近似比上下界分别是 $n-1$ 和 $\frac{9}{8}$.

定理 3.9　对于可选偏好的双设施模型, 在求和型费用下, 当空间为离散的线时, 任何确定性策略对抗机制对社会费用的近似比都至少是 $\frac{9}{8}$.

证明　考虑图 3.2中的实例 $\boldsymbol{c}=(\boldsymbol{x},\boldsymbol{p})$, 其中消费者 $i\in\{1,\cdots,5\}$ 的位置是 $x_i=i$. 消费者的偏好为 $p_1=\{F_1\}$, $p_2=\{F_2\}$, $p_3=\{F_1,F_2\}$, $p_4=\{F_2\}$, $p_5=\{F_1\}$. 不难看出这个实例的最优解是将一个设施放在点 3, 另一个设施放在点 2 或者点 4. 也就是说, 最优解可以是 $(3,2)$、$(3,4)$、$(2,3)$ 或者 $(4,3)$. 最优的社会费用等于 $\mathrm{OPT}(\boldsymbol{c})=7$. 任何近似比小于 $\frac{9}{8}$ 的确定性机制 f 都会输出最优解, 这是因为任意其他解的社会费用都至少是 8.

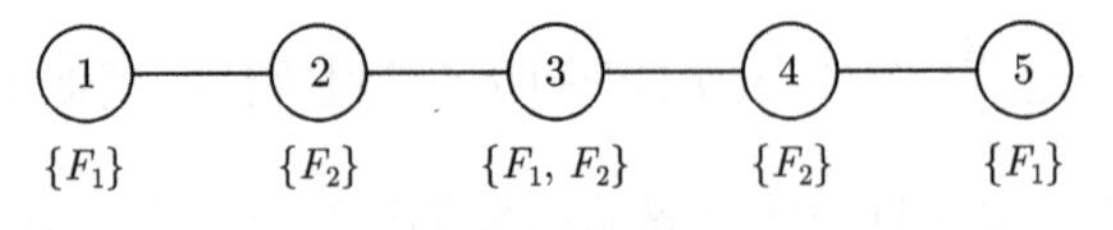

图 3.2　定理 3.9证明的示例

如果 f 对于实例 $\boldsymbol{c}$ 输出的解是 $(2,3)$, 则消费者 5 的费用等于 $d(2,5)=3$. 考虑消费者 5 谎报自己的偏好为 $p_5'=\{F_1,F_2\}$. 在新的实例 $\boldsymbol{c}'$ 中, 唯一的最优

解是 $(3,4)$, 最优的社会费用等于 8, 而其他任意解的社会费用都至少是 9. 因此, 一个近似比小于 $\frac{9}{8}$ 的确定性机制 f 都会输出最优解 $(3,4)$. 此时消费者 5 的真实费用等于 $d(3,5)=2<3$, 因此他有动机谎报自己的偏好, 机制 f 不是策略对抗的.

如果 f 对于实例 $\boldsymbol{c}$ 输出的解是 $(4,3)$, 由于对称性, 只需考虑消费者 1 谎报自己的偏好为 $p_1'=\{F_1,F_2\}$, 就可以推出矛盾.

如果 f 对于实例 $\boldsymbol{c}$ 输出的解是 $(3,4)$, 则消费者 2 的费用等于 $d(4,2)=2$. 考虑消费者 2 谎报自己的偏好为 $p_2'=\{F_1,F_2\}$, 则在新的实例 $\boldsymbol{c}'$ 中, 唯一的最优解是 $(2,3)$, 最优的社会费用等于 7, 而其他任意解的社会费用都至少是 8. 因此, f 必定会输出最优解 $(2,3)$, 此时消费者 2 的真实费用等于 $d(3,2)=1<2$, 他有动机谎报自己的偏好, 机制 f 不是策略对抗的.

如果 f 对于实例 $\boldsymbol{c}$ 输出的解是 $(3,2)$, 由于对称性, 只需考虑消费者 4 谎报自己的偏好为 $p_4'=\{F_1,F_2\}$, 就可以推出矛盾. □

Serafino 和 Ventre 在文献 [8] 中对于离散的线网络提出了下面的两极端机制, 并证明了策略对抗性和近似比. 我们将其应用到实线上.

机制 3.7 (两极端机制)　给定消费者信息 $\boldsymbol{c}=(\boldsymbol{x},\boldsymbol{p})$, 令 $y_1=\min\{x_i|i\in N,F_1\in p_i\}$ 为所有喜爱设施 F_1 的消费者中最左端的消费者位置, $y_2=\max\{x_i|i\in N,F_2\in p_i\}$ 为所有喜爱设施 F_2 的消费者中最右端的消费者位置, 输出 (y_1,y_2).

定理 3.10　对于带可选偏好的双设施选址问题, 在求和型费用下, 机制 3.7是确定性策略对抗的, 且对社会费用的近似比为 $n-1$.

证明　首先证明机制是策略对抗的. 给定消费者信息 $\boldsymbol{c}=(\boldsymbol{x},\boldsymbol{p})$, 设机制输出的解为 $f(\boldsymbol{c})=(y_1,y_2)$. 考虑任一消费者 $i\in N$. 如果 i 的偏好为 $p_i=\{F_1\}$, 则必有 $y_1\leqslant x_i$. 当 $y_1=x_i$ 时, 他的费用已经为 0, 没有动机再谎报; 当 $y_1<x_i$ 时, 消费者 i 的谎报只可能使设施 F_1 的位置向更左侧移动, 费用反而增多. 如果 i 的偏好为 $p_i=\{F_2\}$, 进行类似的分析可知 i 没有动机谎报. 如果 i 的偏好为 $p_i=\{F_1,F_2\}$, 则必有 $y_1\leqslant x_i$, $y_2\geqslant x_i$. 若 i 谎报自己的偏好为 $p_i'=\{F_1\}$, 则设

施 F_1 的位置不变, 设施 F_2 的位置唯一可能的变化是从 $y_2 = x_i$ 处移动到 x_i 的左侧, 此时 i 的费用反而增多. 类似地, 若 i 谎报自己的偏好为 $p_i' = \{F_2\}$, 也不可能减少自己的费用. 因此, 机制是策略对抗的.

下面证明机制的近似比. 已知 $X_1 \cup X_{12}$ 是所有喜爱设施 F_1 的消费者位置集合, $X_2 \cup X_{12}$ 是所有喜爱设施 F_2 的消费者位置集合. 令 $x_a = \min\limits_{x_i \in X_1 \cup X_{12}} x_i$, $x_b = \max\limits_{x_i \in X_1 \cup X_{12}} x_i$, $x_c = \min\limits_{x_i \in X_2 \cup X_{12}} x_i$, $x_d = \max\limits_{x_i \in X_2 \cup X_{12}} x_i$, 则最优解的社会费用至少是

$$\mathrm{OPT}(\boldsymbol{c}) \geqslant (x_b - x_a) + (x_d - x_c)$$

机制输出的解 $f(\boldsymbol{c}) = (y_1, y_2) = (x_a, x_d)$ 关于 $X_1 \cup X_{12}$ 的费用总和为

$$\sum_{x_i \in X_1 \cup X_{12}} d(y_1, x_i) = \sum_{x_i \in X_1 \cup X_{12}} d(x_a, x_i) \leqslant (|X_1 \cup X_{12}| - 1)(x_b - x_a)$$

而关于 $X_2 \cup X_{12}$ 的费用总和为

$$\sum_{x_i \in X_2 \cup X_{12}} d(y_2, x_i) = \sum_{x_i \in X_2 \cup X_{12}} d(x_d, x_i) \leqslant (|X_2 \cup X_{12}| - 1)(x_d - x_c)$$

由于 $|X_1 \cup X_{12}| \leqslant n$ 以及 $|X_2 \cup X_{12}| \leqslant n$, $f(\boldsymbol{c})$ 对所有消费者的总费用为

$$\sum_{i \in N} c(f(\boldsymbol{c}), c_i) \leqslant (n-1)(x_b - x_a) + (n-1)(x_d - x_c) \leqslant (n-1)\mathrm{OPT}(\boldsymbol{c})$$

因此, 机制 3.7的近似比至多为 $n-1$. □

Serafino 和 Ventre 在文献 [9] 中接着证明了机制 3.7对于最小化最大费用有 3-近似.

定理 3.11 对于带可选偏好的双设施选址问题, 在求和型费用下, 机制 3.7是确定性策略对抗的, 且对最大费用的近似比为 3.

证明 由于策略对抗性与系统的目标函数无关, 由定理 3.10可知机制 3.7是策略对抗的. 只需证明其近似比.

令 $\boldsymbol{y}^*$ 为最优解, $\boldsymbol{y}$ 为机制输出的解. 考虑在 $\boldsymbol{y}$ 中具有最大费用的消费者 $i \in \arg\max\limits_{i \in N} c(\boldsymbol{y}, c_i)$, 并将其费用表示为 $\mathrm{EXT} = c(\boldsymbol{y}, c_i)$. 不难看出下列不等式

成立:

$$c(\boldsymbol{y}^*, c_i) = \text{EXT} - \Delta\boldsymbol{y} \leqslant \text{OPT} \tag{3.3}$$

其中 $\Delta\boldsymbol{y} = \sum_{j\in p_i} \Delta y_j$ 并且 $\Delta y_j = d(i, y_j) - d(i, y_j^*)$. 直观上而言, 式 (3.3) 表明, 为了降低消费者 i 的费用, 最优解将设施放置在与 $\boldsymbol{y}$ 相比距离 i 更近的位置. 定义 S 等于集合 $\{\min V_1, \max V_2\}$ 如果 $p_i = \{F_1, F_2\}$, 等于 $\{\min V_1\}$ 如果 $p_i = \{F_1\}$, 等于 $\{\max V_2\}$ 如果 $p_i = \{F_2\}$. 由于设施位置的变化, 存在一个消费者 $x \in S$ 以及一个设施 $F_k \in p_i \cap p_x$ 使得 $d(x, y_k) \leqslant d(x, y_k^*)$. 不难看出下列不等式对于 $x \in S$ 成立:

$$\begin{aligned}
\text{OPT} &\geqslant c(\boldsymbol{y}^*, c_x) \\
&\geqslant d(x, y_k^*) \\
&\geqslant d(x, y_k^*) - d(x, y_k) \\
&\geqslant d(i, y_k) - d(i, y_k^*) \\
&= \Delta y_k
\end{aligned} \tag{3.4}$$

讨论以下两种情况: $|p_i| = 1$ 和 $|p_i| = 2$. 在第一种情况下, 注意到 $\Delta\boldsymbol{y} = \Delta y_k$, $F_k \in T_i$, 从式 (3.3) 和式 (3.4) 可以推出 $\text{EXT} \leqslant 2 \cdot \text{OPT}$. 在第二种情况下, 应用式 (3.4) 可得 $2 \cdot \text{OPT} \geqslant \Delta\boldsymbol{y}$, 从而由式 (3.3) 可以推出 $\text{EXT} \leqslant 3 \cdot \text{OPT}$. □

定理 3.11中对于两极端机制的近似比分析是紧的. 考虑一个实例, 其中三个消费者的位置组合为 $\boldsymbol{x} = (0, 3, 6)$, 偏好组合分别为 $p_1 = \{F_1\}, p_2 = \{F_1, F_2\}, p_3 = \{F_2\}$. 机制输出解 $(0, 6)$, 最大费用为 6, 即第二个消费者的费用为 6. 而最优解为 $(2, 4)$, 此时所有消费者的费用都为 2, 从而最大费用也为 2. 比值为 $\dfrac{6}{2} = 3$, 与两极端机制的近似比相匹配.

下面证明当空间为离散的线时, 确定性策略对抗机制对于最大费用目标函数有近似比下界 $\dfrac{3}{2}$.

定理 3.12 对于可选偏好的双设施模型，在求和型费用下，当空间为离散的线时，任何确定性策略对抗机制对最大费用的近似比都至少是 $\frac{3}{2}$.

证明 考虑两个问题实例，其中三个消费者的位置组合为 $\boldsymbol{x}=(1,2,3)$. 在实例 (a) 中，三个消费者的偏好信息分别为 $p_1=\{F_1,F_2\},p_2=\{F_1\},p_3=\{F_1\}$. 在实例 (b) 中，三个消费者的偏好信息分别为 $p_1=\{F_1\},p_2=\{F_1\},p_3=\{F_1,F_2\}$. 不难看出实例 (a) 的最优解为 $\boldsymbol{y}_1^*=(2,1)$，最大费用为 1，而实例 (b) 的最优解为 $\boldsymbol{y}_2^*=(2,3)$，最大费用也为 1. 注意，对于上述两个实例，任何其他解所导出的最大费用都至少是 2，因此任意 $\frac{3}{2}$-近似的机制必须输出最优解.

如果实例 (a) 中的消费者 3 将自己的偏好谎报为 $p_3'=\{F_1,F_2\}$，则记为实例 (c). 此时有两个最优解: $\boldsymbol{y}_3'=(3,1)$ 和 $\boldsymbol{y}_3''=(1,3)$，最大费用为 2. 同样，如果实例 (b) 中的消费者 1 将自己的偏好谎报为 $p_1'=\{F_1,F_2\}$，也变为实例 (c). 注意，对于实例 (c)，两个最优解 $\boldsymbol{y}_3'$ 和 $\boldsymbol{y}_3''$ 都将与策略对抗性矛盾，这是因为如果输出解 $\boldsymbol{y}_3'$，则在实例 (a) 中消费者 3 有动机谎报自己的偏好为 $p_3'=\{F_1,F_2\}$，从而使自己的费用由 1 减为 0. 类似地，如果输出解 $\boldsymbol{y}_3''$，则在实例 (b) 中消费者 1 有动机谎报自己的偏好为 $p_1'=\{F_1,F_2\}$，从而使自己的费用由 1 减为 0. 因此，对于实例 (c)，一个策略对抗机制只能将设施 F_2 开设在点 2 处，此时至少有一个消费者的费用等于 3，从而近似比至少是 $\frac{3}{2}$. □

在最小型费用的设定中，每个消费者的费用等于他与最近的喜爱设施之间的距离. Yuan 等 [10] 证明了确定性机制对于最大费用的目标函数 MC 的上下界分别是 2 和 $\frac{4}{3}$，对于社会费用的目标函数 SC 的上下界分别是 $\frac{n}{2}+1$ 和 2.

下面的机制只考虑消费者位置的左右端点作为开设两个设施的候选位置，并返回目标函数值更小的那一种开设方式. 这个机制被证明对于最大费用的目标函数是 2-近似的.

机制 3.8 给定消费者信息 $\boldsymbol{c}=(\boldsymbol{x},\boldsymbol{p})$，不失一般性地假设 $x_1\leqslant x_2\leqslant\cdots\leqslant x_n$，最左端的消费者位置为 $x_1=0$，最右端的消费者位置为 $x_n=L$. 定义两个解 $\boldsymbol{s}_1=(0,L)$ 和 $\boldsymbol{s}_2=(L,0)$. 如果 $\mathrm{MC}(\boldsymbol{s}_1,\boldsymbol{c})\leqslant\mathrm{MC}(\boldsymbol{s}_2,\boldsymbol{c})$，则返回 $\boldsymbol{s}_1$，否则返

回 $\boldsymbol{s}_2$.

定理 3.13　对于带可选偏好的双设施选址问题, 在最小型费用下, 机制 3.8是策略对抗的, 且对最大费用的近似比为 2.

证明　首先证明策略对抗性. 注意到偏好为 $\{F_1, F_2\}$ 的消费者对机制 3.8的两个解没有任何倾向性, 因此不会说谎. 因为消费者的位置是固定的, 设施的两个候选位置也是固定的, 所以对任一其他消费者 $i \in N$, 其费用只能是 x_i 或 $L - x_i$, 其中一个费用是 $c(\boldsymbol{s}_1, c_i)$, 另一个费用是 $c(\boldsymbol{s}_2, c_i)$. 不失一般性地假设机制输出了 $\boldsymbol{s}_1$. 不难看出, 消费者 i 只有在 $c(\boldsymbol{s}_1, c_i) > \dfrac{L}{2} > c(\boldsymbol{s}_2, c_i)$ 的情况下才有动机说谎, 这意味着他的当前费用是两个费用中较多的那个, 因而想换成较少的那个. 然而, 在这种情况下, 由于消费者 i 已经有了较多的那个费用了, 无论如何谎报偏好, 都不能再使机制认为他在 $\boldsymbol{s}_1$ 中可以有一个更多的费用. 因为消费者 i 是唯一的谎报者, 所以目标函数值 $\mathrm{MC}(\boldsymbol{s}_1, \boldsymbol{c})$ 不会增多. 类似地, 由于消费者 i 在 $\boldsymbol{s}_2$ 中具有较少的那个费用, 无论如何谎报偏好, 都不能再使机制认为他在 $\boldsymbol{s}_2$ 中可以有一个更少的费用. 因为消费者 i 是唯一的谎报者, 所以目标函数值 $\mathrm{MC}(\boldsymbol{s}_2, \boldsymbol{c})$ 不会减少. 因此, 即便在谎报之后, $\boldsymbol{s}_1$ 产生的最大费用依然要好于 $\boldsymbol{s}_2$, 这意味着机制的输出不会改变, 所以消费者 i 也没有动机说谎, 从而机制是策略对抗的.

接下来证明近似比. 当只有两个消费者时, 容易看出机制 3.8的近似比为 2. 当有更多的消费者时, 根据消费者 1 和消费者 n 的偏好信息, 分以下四种情形讨论.

情形 1　$p_1 = p_n = \{F_1\}$ 或 $p_1 = p_n = \{F_2\}$. 在这种情况下, 不难看出机制产生的最大费用为 L, 等于消费者 1 或者消费者 n 的费用. 而最优解将被喜爱的设施开设在两个消费者的中点处, 产生的最大费用为 $\dfrac{L}{2}$. 因此近似比为 2.

情形 2　$p_1 = \{F_1\}$ 且 $p_n = \{F_2\}$. 在这种情况下, 机制输出的解为 $\boldsymbol{s}_1$. 设最大费用来自消费者 $m \in N$. 我们分析 m 在 $\boldsymbol{s}_1$ 中由设施 F_1 提供服务的情况, 而 m 由设施 F_2 提供服务的情况是对称的. 在解 $\boldsymbol{s}_1$ 中, 最大费用是 $x_m - 0 = x_m$. 如果 $p_m = \{F_1, F_2\}$, 则必然有 $x_m \leqslant \dfrac{L}{2}$, 否则 m 将由设施 F_2 提供服务. 因

此, 在最优解中, 如果 m 依然由设施 F_1 提供服务, 则最优解的最大费用至少是 $(x_m - x_1)/2 = x_m/2$; 如果 m 由设施 F_2 提供服务, 则最优解的最大费用至少是 $(L - x_m)/2 \geqslant x_m/2$. 于是机制的近似比至多为 $\dfrac{x_m}{x_m/2} = 2$.

情形 3 $p_1 = \{F_2\}$ 或 $p_n = \{F_1\}$. 该情形与情形 2 完全对称, 无须再证.

情形 4 $\{F_1, F_2\} \in \{p_1, p_n\}$. 也就是说, 消费者 1 和消费者 n 中至少有一个人的偏好是 $\{F_1, F_2\}$. 如果消费者 1 和消费者 n 由同一个设施服务, 则分析过程与情形 1 相同. 如果由不同设施服务, 则分析过程与情形 2 或者情形 3 相同.

因此, 机制 3.8对最大费用有 2-近似. □

接下来证明近似比下界.

定理 3.14 对于可选偏好的双设施模型, 在最小型费用下, 任何确定性策略对抗机制对最大费用的近似比都至少是 $\dfrac{4}{3}$.

证明 设 f 为一个确定性策略对抗机制. 考虑两个问题实例, 其中四个消费者的位置组合为 $\boldsymbol{x} = (0, 2, 4, 6)$. 在实例 (a) 中, 四个消费者的偏好信息分别为 $p_1 = \{F_1, F_2\}, p_2 = \{F_1, F_2\}, p_3 = \{F_2\}, p_4 = \{F_1, F_2\}$. 在实例 (b) 中, 偏好信息分别为 $p_1 = \{F_1, F_2\}, p_2 = \{F_2\}, p_3 = \{F_2\}, p_4 = \{F_1, F_2\}$. 不失一般性地假设 f 对实例 (b) 输出的解为 $(y_1(b), y_2(b))$, 并且 $y_1(b) \geqslant y_2(b)$, 也就是说, 设施 F_2 被放置在 F_1 的左边. 考虑 f 对实例 (a) 输出的解 $(y_1(a), y_2(a))$.

如果 $y = \min\{y_1(a), y_2(a)\} \leqslant 1$, 为了保证策略对抗性, 在实例 (a) 中消费者 2 不能通过将自己的偏好由 $\{F_1, F_2\}$ 谎报为 $\{F_2\}$ 来获益. 这意味着在实例 (b) 中, 机制不能将任何设施放置在 $(y, 4 - y)$ 区间内. 由于假设了 f 在实例 (b) 中将设施 F_2 放置在 F_1 的左边, 不难看出最大费用至少是 $4 - y$, 而最优解的最大费用为 2. 因此, 近似比至少为 $(4 - y)/2 \geqslant \dfrac{3}{2}$.

如果 $y = \min\{y_1(a), y_2(a)\} > 1$. 与上述分析类似, 为了保证策略对抗性, 在实例 (b) 中, 机制不能将任何设施放置在 $(y, 4-y)$ 区间内. 此时最大费用将至少是 $4-y$, 因而近似比至少是 $(4-y)/2$. 注意到对于实例 (a), $y = \min\{y_1(a), y_2(a)\} > 1$ 所导致的近似比至少是 y. 结合对这两个实例的近似比, 机制 f 的近似比至少是

$\max\{(4-y)/2, y\} \geqslant \dfrac{4}{3}$. □

对于最小化社会费用的目标函数, Yuan 等 [10] 考虑了下述机制, 证明了线性的近似比以及常数的下界.

机制 3.9　给定消费者信息 $\boldsymbol{c} = (\boldsymbol{x}, \boldsymbol{p})$, 令 $\boldsymbol{q}$ 为所有消费者的偏好都为 $\{F_1, F_2\}$ 时的偏好组合. $\boldsymbol{s}_{\boldsymbol{q}}^* = (y_1', y_2')$ 是关于 $\boldsymbol{q}$ 的最优解, 将消费者从中点分开, 划分为 $\mathcal{L} = \{i|x_i \leqslant (y_1' + y_2')/2\}$ 和 $\mathcal{R} = \{i|x_i > (y_1' + y_2')/2\}$ 两个集合. 令消费者 l 和 r 分别为 $\mathcal{L}$ 和 $\mathcal{R}$ 的中位点. 对于 $\boldsymbol{p}$, 考虑两个解 $\boldsymbol{s}_1 = (x_l, x_r)$ 和 $\boldsymbol{s}_2 = (x_r, x_l)$. 如果 $\mathrm{SC}(\boldsymbol{s}_1, \boldsymbol{c}) \leqslant \mathrm{SC}(\boldsymbol{s}_2, \boldsymbol{c})$, 则返回 $\boldsymbol{s}_1$, 否则返回 $\boldsymbol{s}_2$.

定理 3.15　对于带可选偏好的双设施选址问题, 在最小型费用下, 机制 3.9是策略对抗的, 且对社会费用的近似比为 $\dfrac{n}{2} + 1$.

证明　这里我们只给出对策略对抗性的证明, 对近似比的证明请参考文献 [10]. 不失一般性地假设机制输出的解为 $\boldsymbol{s}_1$. 首先我们注意到, 没有一个具有偏好 $\{F_1, F_2\}$ 的消费者有动机说谎, 因为他们在两种可能的解 $\boldsymbol{s}_1$ 和 $\boldsymbol{s}_2$ 下的费用相等. 对于具有偏好 $\{F_1\}$ 或 $\{F_2\}$ 的消费者, 考虑位于集合 $\mathcal{L}$ 中的任一消费者. 如果他的偏好为 $\{F_1\}$, 解 $\boldsymbol{s}_2$ 只可能带来更多的费用, 因而没有动机谎报. 如果他的偏好为 $\{F_2\}$, 谎报自己的偏好为 $\{F_1\}$, 将使得 $\boldsymbol{s}_1$ 的社会费用减少, 而 $\boldsymbol{s}_2$ 的社会费用不变, 因此谎报后 $\boldsymbol{s}_1$ 的社会费用依然不会超过 $\boldsymbol{s}_2$ 的, 机制仍然输出 $\boldsymbol{s}_1$. 因此, 没有消费者有动机谎报, 机制 3.9是策略对抗的. □

在最大型费用的设定中, 每个消费者的费用等于他与最远的喜爱设施之间的距离. Yuan 等 [10] 提出了下列对于最大费用目标函数的最优机制.

机制 3.10　给定消费者信息 $\boldsymbol{c} = (\boldsymbol{x}, \boldsymbol{p})$, 如果 $\{F_1, F_2\} \in \{p_1, p_n\}$ 或 $p_1 = p_n$, 则输出 $y_1 = y_2 = L/2$. 如果 $p_1 = \{F_1\}$ 且 $p_2 = \{F_2\}$, 则输出 $y_1 = \dfrac{1}{2}\max(X_1 \cup X_{12})$, $y_2 = \dfrac{L}{2} + \dfrac{1}{2}\min(X_2 \cup X_{12})$. 如果 $p_1 = \{F_2\}$ 且 $p_n = \{F_1\}$, 则输出 $y_1 = \dfrac{L}{2} + \dfrac{1}{2}\min(X_1 \cup X_{12})$, $y_2 = \dfrac{1}{2}\max(X_2 \cup X_{12})$.

定理 3.16　对于带可选偏好的双设施选址问题, 在最大型费用下, 机制 3.10

是策略对抗的, 且最小化了消费者最大费用.

证明 首先证明机制的策略对抗性. 令 y_1' 和 y_2' 表示当消费者谎报时, 机制对应输出的解. 对机制中的三种情形分别进行讨论.

情形 1 $\{F_1, F_2\} \in \{p_1, p_n\}$ 或 $p_1 = p_n$. 只有消费者 1 和消费者 n 能够影响到机制的输出. 考虑消费者 1 谎报的情况. 如果消费者 1 具有偏好 $\{F_1, F_2\}$, 谎报自己偏好为 $\{F_1\}$ 将使得 $y_2' = \dfrac{L}{2} + \min(X_2 \cup X_{12}) > \dfrac{L}{2} = y_2$, 他的费用将增多, 而谎报自己偏好为 $\{F_2\}$ 也将得到相同的结果. 如果消费者 1 具有偏好 $\{F_1\}$, 谎报自己的偏好为 $\{F_1, F_2\}$ 将不会改变机制输出的结果, 而谎报自己偏好为 $\{F_2\}$ 将使得 $y_1' = \dfrac{L}{2} + \min(X_1 \cup X_{12}) > \dfrac{L}{2} = y_1$, 他的费用将增加. 如果消费者 1 具有偏好 $\{F_2\}$, 分析是类似的. 因此, 消费者 1 没有任何动机谎报. 类似地, 消费者 n 也没有任何动机谎报.

情形 2 $p_1 = \{F_1\}$ 且 $p_2 = \{F_2\}$. 能够影响到机制输出的消费者只有 1、n 以及位于 $\max(X_1 \cup X_{12})$ 和 $\min(X_2 \cup X_{12})$ 处的消费者. 考虑消费者 1 或位于 $\max(X_1 \cup X_{12})$ 处的消费者谎报的情形, 而其他两个消费者谎报的情形是对称的. 对于消费者 1, 如果他谎报自己的偏好为 $\{F_1, F_2\}$ 或 $\{F_2\}$, 我们将有 $y_1' = \dfrac{L}{2} > \dfrac{1}{2}\max(X_1 \cup X_{12}) = y_1$, 他的费用将增加. 对于位于 $\max(X_1 \cup X_{12})$ 处的消费者, 他只能通过谎报自己的偏好为 $\{F_2\}$ 来改变机制的输出, 此时我们将有一个新的 $\max(X_1 \cup X_{12})$(记作 $\max(X_1 \cup X_{12})'$), 并且有 $\dfrac{1}{2}\max(X_1 \cup X_{12})' < \dfrac{1}{2}\max(X_1 \cup X_{12})$, 从而我们有

$$y_1' = \frac{1}{2}\max(X_1 \cup X_{12})' < \frac{1}{2}\max(X_1 \cup X_{12}) = y_1$$

这意味着该消费者会增加自己的费用. 因此, 没有人有动机谎报.

情形 3 $p_1 = \{F_2\}$ 且 $p_n = \{F_1\}$. 该情形与情形 2 是对称的.

因此, 机制 3.10是策略对抗的. 接下来证明机制的最优性. 我们同样对机制中的三种情形分别进行讨论. 在情形 1 中, 最大费用来自消费者 1 或消费者 n, 且最大费用等于 $\dfrac{L}{2}$. 任何其他的输出都会导致最大费用大于 $\dfrac{L}{2}$. 在情形 2 中, 最大费

用来自消费者 1 和位于 $\max(X_1 \cup X_{12})$ 处的消费者, 或者来自消费者 n 和位于 $\min(X_2 \cup X_{12})$ 处的消费者. 不失一般性地假设最大费用 mc 来自前者. 假设有更好的解 y_1' 和 y_2'. 如果 $y_1' > y_1$, 则消费者 1 的费用增加, 这意味着最大费用也会增加. 如果 $y_1' < y_1$, 虽然消费者 1 的费用减少, 但位于 $\max(X_1 \cup X_{12})$ 处的消费者的费用将变为

$$\mathrm{mc}' = \max(X_1 \cup X_{12}) - y_1' > \frac{1}{2}\max(X_1 \cup X_{12}) = \mathrm{mc}$$

这意味着最大费用增加了. 因此, 不存在比机制的输出更好的解, 从而机制是最优的. □

对于最小化社会费用的目标函数, Yuan 等 [10] 还提出了下面的 2-近似机制.

机制 3.11　给定消费者信息 $\boldsymbol{c} = (\boldsymbol{x}, \boldsymbol{p})$, 输出 y_1 等于 $X_1 \cup X_{12}$ 的中位点, y_2 等于 $X_2 \cup X_{12}$ 的中位点.

定理3.17　对于带可选偏好的双设施选址问题, 在最大型费用下, 机制 3.11是策略对抗的, 且对社会费用是 2-近似的.

证明　首先证明机制的策略对抗性. 考虑任一消费者 i 谎报自己的偏好. 如果他的偏好为 $\{F_1\}$ 或 $\{F_2\}$, 谎报自己的偏好为 $\{F_1, F_2\}$ 将不会改变自己喜爱的设施的位置, 而谎报自己的偏好为 $\{F_2\}$ 或 $\{F_1\}$ 只会将自己喜爱的设施推得更远. 如果他的偏好为 $\{F_1, F_2\}$, 谎报自己的偏好为 $\{F_1\}$ 只会将设施 F_2 推得更远, 且无法改变设施 F_1 的位置, 因此其费用无法减少. 而谎报自己的偏好为 $\{F_2\}$ 也只会带来相同的效果. 因此, 没有消费者有动机说谎, 机制 3.11是策略对抗的.

接下来证明该机制的近似比. 不难看出, 当消费者的费用类型为求和型时, 机制 3.11对于社会费用是最优的, 这是因为设施 F_1 开设在所有喜爱 F_1 的消费者位置的中位点处, 设施 F_2 开设在所有喜爱 F_2 的消费者位置的中位点处. 将消费者的费用类型为求和型时的社会费用表示为 $\mathrm{SC}_{\mathrm{sum}}$, 而将费用类型为最大型时的社会费用表示为 $\mathrm{SC}_{\max}$. 对于前者, 我们有

$$\mathrm{SC}_{\mathrm{sum}} = \sum_{k=1,2}\sum_{p_i=\{F_k\}} d(i, F_k) + \sum_{p_i=\{F_1,F_2\}} (d(i, F_1) + d(i, F_2))$$

而对于后者, 我们有

$$\mathrm{SC}_{\max}=\sum_{k=1,2}\sum_{p_i=\{F_k\}}d(i,F_k)+\sum_{p_i=\{F_1,F_2\}}\max(d(i,F_1),d(i,F_2))$$

因为 $\mathrm{SC}_{\max}(\boldsymbol{s})\geqslant\sum_{p_i=\{F_1,F_2\}}\min(d(i,F_1,),d(i,F_2))$, 所以

$$2\mathrm{SC}_{\max}\geqslant\mathrm{SC}_{\mathrm{sum}}$$

考虑机制输出的解 $\boldsymbol{s}=(y_1,y_2)$, 它对于 $\mathrm{SC}_{\mathrm{sum}}$ 是最优解. 又考虑对于 $\mathrm{SC}_{\max}$ 的最优解 $\boldsymbol{s}^*$. 容易看出

$$\mathrm{SC}_{\max}(\boldsymbol{s})\leqslant\mathrm{SC}_{\mathrm{sum}}(\boldsymbol{s})\leqslant\mathrm{SC}_{\mathrm{sum}}(\boldsymbol{s}^*)\leqslant2\cdot\mathrm{SC}_{\max}(\boldsymbol{s}^*)$$

因此, $\boldsymbol{s}$ 对于 $\mathrm{SC}_{\max}$ 是 2-近似的. □

3.2.3 融合双重偏好和可选偏好

Anastasiadis 和 Deligkas[55] 对于多设施选址博弈研究了一种融合了双重偏好和可选偏好的模型, 每个消费者对每个设施或者喜爱, 或者厌恶, 或者不感兴趣. 在这种模型中, 消费者的偏好不仅取决于设施的位置, 还取决于设施的类型. 例如, 一个消费者可能喜欢离他近的超市, 但是厌恶离他近的垃圾场. 而对于同一个设施而言, 可能不同的消费者也对它有不同的偏好. 例如, 政府想要在合适位置建立一个生鲜市场或者菜市场, 那么对于住在附近的消费者而言, 有的可能会喜欢这个设施, 因为它可以提供新鲜的食物, 但有的可能会厌恶这个设施, 因为它会造成交通拥堵和环境污染, 而有的可能觉得无所谓, 或者正负因素正好抵消. 因此, 政府在决定设施的最优位置时, 需要考虑消费者的多样化偏好以及设施的社会福利和成本效益.

Anastasiadis 和 Deligkas[55] 对于上述模型考虑了平等主义的目标函数, 即最大化消费者最小效用. 当设施数量为 $k=1$ 时, 在消费者的位置已知而消费者的偏好未知的情况下, 他们证明了将设施放置在最优位置的机制是策略对抗的. 对于 $k\geqslant2$ 的情形, 他们证明了无论是确定性还是随机的, 都不存在最优的策略对抗机

制, 即使当 $k=2$ 时只有两个位置已知的消费者, 并且设施必须放置在一条线段上. 然后, 他们给出了确定性和随机性策略对抗机制的近似比下界. 最后, 对于线段, 他们提供了具有常数近似比的策略对抗机制. 此外, 作为副产品, 他们所提出的一些机制可以用来实现其他系统目标 (如最大化社会福利和幸福指数等) 的常数因子近似比.

具体而言, 每个消费者 i 对于每个设施 j 都有一个偏好 $t_{ij}\in\{-1,0,1\}$. 其中 $t_{ij}=-1$ 代表该消费者厌恶这个设施, $t_{ij}=0$ 代表该消费者无差别对待这个设施, 而 $t_{ij}=1$ 则代表该消费者喜爱这个设施. 令 $u_{ij}(x_i,t_i,\boldsymbol{y})$ 表示在设施位置组合 $\boldsymbol{y}=(y_1,\cdots,y_k)$ 下消费者 i 从设施 j 中得到的效用. 显然, 当 $t_{ij}=-1$ 时, $u_{ij}(x_i,t_i,\boldsymbol{y})$ 随着距离 $d(x_i,y_j)$ 的增大而严格递增, 当 $t_{ij}=0$ 时, $u_{ij}(x_i,t_i,\boldsymbol{y})$ 是与距离 $d(x_i,y_j)$ 无关的常数, 而当 $t_{ij}=1$ 时, $u_{ij}(x_i,t_i,\boldsymbol{y})$ 随着距离 $d(x_i,y_j)$ 增大而减小. 特别地, 当所有消费者和设施都位于实线上的闭区间 $[0,l]$ 时, 我们定义效用

$$u_{ij}(x_i,t_i,\boldsymbol{y})=\begin{cases}|x_i-y_j|, & t_{ij}=-1\\ l, & t_{ij}=0\\ l-|x_i-y_j|, & t_{ij}=1\end{cases}$$

消费者 i 在设施位置 $\boldsymbol{y}$ 下的总效用定义为他从所有设施中得到的效用之和, 即 $u_i(x_i,t_i,\boldsymbol{y})=\sum\limits_{j=1}^{k}u_{ij}(x_i,t_i,\boldsymbol{y})$.

对于单设施 ($k=1$) 且消费者位置公开的情形, 考虑如下机制.

机制 3.12 (OPT-1)　给定每个消费者 i 的公开位置 x_i 以及报告的偏好 $t_i\in\{-1,0,1\}$, 令 Y 为排除所有偏好为 0 的消费者后最大化目标函数的设施位置集合. 从 Y 中按照给定的打破平局规则来选择一个设施位置 $y^*\in Y$ 并输出.

Anastasiadis 和 Deligkas[55] 证明了上述 OPT-1 机制对于社会效用、最小效用、幸福指数这三种目标函数, 都能保证策略对抗性和最优性. 对于区间 $[0,l]$ 上的双设施选址博弈, 他们首先给出了对于最小效用目标的不可近似性的结果, 不存在确定性或者随机的策略对抗机制的近似比可以好于 1.175. 然后, 他们提出了

如下确定性机制, 它将两个设施开设在两个固定的位置, 而不关心消费者的位置和偏好.

机制 3.13 (固定机制) 令 $z_f = 1 - \frac{\sqrt{2}}{2}$. 第一个设施开设在 $y_1 = z_f \cdot l$, 第二个设施开设在 $y_2 = (1 - z_f) \cdot l$.

定理 3.18 对于区间 $[0, l]$ 上的双设施选址博弈, 机制 3.13是群体策略对抗的, 且对最小效用目标有 3.42-近似.

证明 该固定机制完全忽略消费者的位置和偏好, 因此自然是群体策略对抗的. 下面针对不同的情形对近似比进行分析. 对于一个变量 $z \in [0, l]$, 考虑设施位置 $\boldsymbol{y} = (z \cdot l, (1-z) \cdot l)$. 对于任一消费者 i, 我们考虑它在不同的偏好类型下, 设施位置 $\boldsymbol{y}$ 给它带来的效用与它可能实现的最佳效用之间的最小比值. 表 3.3给出了当 $x_i \leqslant z \cdot l$ 或者 $x_i \geqslant (1-z) \cdot l$ 时, 消费者 i 在不同偏好 t_i 下对于 $\boldsymbol{y}$ 的效用 $u_i(x_i, t_i, \boldsymbol{y})$、最佳效用 $u_i^*(x_i, t_i)$ 以及二者的比值. 表 3.4给出了当 $z \cdot l < x_i < (1-z) \cdot l$ 时相应的二者的比值. 要想使得近似比尽可能好, 我们需要对 z 选择合适的取值, 使得表格中的最小比值尽可能大. 不难看出, 在 $\frac{z}{l} = \frac{l-2z}{2l-2z}$ 时, 最小比值取到最大. 此时可计算得到 $z = \left(1 - \frac{\sqrt{2}}{2}\right) \cdot l$. 因此, 令 $z_f = 1 - \frac{\sqrt{2}}{2}$, 机制 3.13可达到的近似比为 $\frac{1}{z_f} \approx 3.414 \cdots$. □

进一步, 如果允许消费者之间进行交流的话, 对上述固定机制进行调整后可以得到一个新的确定性策略对抗机制, 它的近似比可以改进到 2.74. 接下来我们考虑随机机制.

表 3.3 当 $x_i \leqslant z \cdot l$ 或 $x_i \geqslant (1-z) \cdot l$ 时

t_i	$u_i(x_i, t_i, \boldsymbol{y})$	$u_i^*(x_i, t_i)$	比值
1,1	$l + 2x_i$	$2l$	$\geqslant \frac{1}{2}$
−1,1	$2z \cdot l$	$2l - x_i$	$\geqslant z$
1,−1	$(2-2z) \cdot l$	$2l - x_i$	$\geqslant \frac{1}{2}$
−1, −1	$l - 2x_i$	$2l - 2x_i$	$\geqslant \frac{1-2z}{2-2z}$

表 3.4　当 $z \cdot l < x_i < (1-z) \cdot l$ 时

t_i	$u_i(x_i, t_i, \boldsymbol{y})$	$u_i^*(x_i, t_i)$	比值
1,1	$(1+2z) \cdot l$	$2l$	$\geqslant \frac{1}{2}$
$-1, 1$	$2x_i$	$2l - x_i$	$\geqslant \frac{2z}{2-z}$
$1, -1$	$2l - 2x_i$	$2l - x_i$	$\geqslant \frac{2}{3}$
$-1, -1$	$(1-2z) \cdot l$	$2l - 2x_i$	$\geqslant \frac{1-2z}{2-2z}$

机制 3.14　以 $\frac{1}{2}$ 的概率输出解 $\boldsymbol{y} = (0, 0)$, 以 $\frac{1}{2}$ 的概率输出解 $\boldsymbol{y} = (l, l)$.

定理 3.19　对于区间 $[0, l]$ 上的双设施选址博弈, 机制 3.14是群体策略对抗的, 且对最小效用目标有 2-近似.

证明　首先, 很容易看出, 该机制是普遍性策略对抗的, 因为在每种情况下该机制都选择一个固定的位置. 接下来我们将证明每个消费者从每个设施中都能得到至少 $\frac{l}{2}$ 的期望效用. 假设消费者 i 具有位置 x_i 和偏好 t_i. 考虑消费者 i 从设施 j 中得到的期望效用. 如果 $t_ij = 1$, 那么当 $y_j = 0$ 时, 消费者 i 的效用是 $l - x_i$, 当 $y_j = l$ 时, 消费者 i 的效用是 x_i. 如果 $t_ij = -1$, 那么当 $y_j = 0$ 时, 消费者 i 的效用是 x_i , 当 $y_j = l$ 时, 消费者 i 的效用是 $l - x_i$. 如果 $t_ij = 0$, 那么无论 y_j 如何取值, 消费者 i 都能得到 l 的效用. 因此, 消费者 i 从每个设施中至少得到 $\frac{l}{2}$ 的期望效用, 于是总共至少得到 l 的期望效用. 由于可能获得的最大效用显然不能超过 $2l$, 近似比 2 得证. □

不难看出, 机制 3.14的思想不仅可以应用于双设施选址博弈, 对于任意的 k 设施选址, 都能达到 2 近似. 此外, Anastasiadis 和 Deligkas[55] 还证明了任意随机机制都不能有好于 2 的近似比. 因此, 我们得到了紧的近似比上下界.

3.2.4　分数偏好

Fong 等 [56] 研究了另一种对于可选偏好的拓展模型, 称为分数偏好 (fractional preference) 模型, 其中每个消费者 $i \in N$ 对两个设施的偏好分别是 $p_{i1}, p_{i2} \in$

$[0,1]$, 且 $p_{i1}+p_{i2}=1$. 分数偏好模型结合了同质设施和异质设施的特点, 考虑了本质不同但服务目的相同的设施, 例如超市和便利店、医院和诊所等. 分数偏好模型捕捉到了这种情景, 允许消费者对两种设施报告一个分数偏好, 以表示他们对两种设施的需求频率. 针对位置和偏好是不是公开信息, 该模型模拟了如下不同的现实场景.

现实情景一: 大学城内有各种支撑大学生日常生活的设施, 比如英国的牛津大学城、广州小谷围岛大学城等. 假设大学计划在大学城内建造一个数据科学实验室和一个多媒体实验室. 根据学生的选课记录, 可知他们对两个实验室有不同的偏好. 例如, 如果一个学生选了数据科学类课程, 但没有选多媒体类课程 (如计算机图形学), 那么他可能对数据科学实验室有 100%的偏好, 对多媒体实验室有 0%的偏好. 然而, 如果一个学生既选了数据科学类课程, 又选了多媒体类课程, 那么他可能每周有一半时间去数据科学实验室, 另一半时间去多媒体实验室. 因此, 他可能对两个实验室各有 50%的偏好. 由于大学知道每个学生的选课记录, 所以偏好信息是公开的. 然而, 学生没有必要向大学报告他们的住址, 因此位置信息是私密的.

现实情景二: 假设政府想在一个城市建造一个医院和一个诊所. 由于政府掌握了所有市民的地址, 所以患者的位置信息是公开的. 患者不需要一直去医院或诊所, 这取决于疾病的严重程度. 如果一个患者只是感冒, 诊所就足够了. 因此他可能对诊所有 100%的偏好, 对医院有 0%的偏好. 然而, 如果疾病比较严重, 例如他们需要每周去两次医院, 去一次诊所, 那么他们可能对医院有 67%的偏好, 对诊所有 33%的偏好. 由于病情属于患者的隐私, 所以政府不知道患者疾病的严重程度. 因此, 偏好信息是私密的.

现实情景三: 假设需要建造两个公交车站, 上面有不同的公交线路. 市民对公交车站的偏好取决于他们需要乘坐的公交线路. 例如, 如果一个市民只需要公交车站 A 上的公交线路, 他可能对公交车站 A 有 100%的偏好, 对公交车站 B 有 0%的偏好. 如果他需要在工作日乘坐车站 A 上的公交车去上班, 而在周末或节假日乘坐车站 B 上的公交线路去娱乐, 那么他可能对车站 A 有 70%的偏好, 对车站 B 有 30%的偏好.

Fong 等 [56] 考虑了在闭区间 $[0, L]$ 上的双设施选址博弈, 这两个设施具有相似的功能, 每个消费者 $i \in N$ 都有自己的位置信息 x_i 和分数偏好 $p_i = (p_{i1}, p_{i2})$, 以表示他们对设施的偏好程度. 消费者效用等于总长度 L 减去对两个设施的总费用, 其中费用定义为分数偏好和消费者与设施之间距离的乘积. 具体而言, 令 $\boldsymbol{c} = (c_1, \cdots, c_n)$ 为消费者报告的位置和偏好组合, 其中 $c_i = (x_i, p_i)$. 一个机制 f 将 $\boldsymbol{c}$ 映射到两个设施的位置组合 $f(\boldsymbol{c}) = \boldsymbol{y} = (y_1, y_2)$. 消费者 i 的费用为

$$\mathrm{cost}(f(\boldsymbol{c}), c_i) = d(x_i, y_1)p_{i1} + d(x_i, y_2)p_{i2}$$

而其效用为

$$u(f(\boldsymbol{c}), c_i) = L - d(x_i, y_1)p_{i1} - d(x_i, y_2)p_{i2}$$

我们可以考虑最小化社会费用、最小化最大费用、最大化社会效用、最大化最小效用这四种目标函数.

Fong 等首先证明了最小化社会费用的目标的下界至少是 $\Omega(n^{\frac{1}{3}})$, 因此费用的目标不再有研究的价值, 转而使用效用函数来分析消费者的满意度. 对于最大化社会效用的目标, 在消费者只能误报他们的位置的情况下, Fong 等给出了一个最优的确定性策略对抗机制. 在消费者只能误报他们的偏好的情况下, Fong 等给出了一个 2-近似的确定性策略对抗机制. 最后, 在消费者可以同时误报偏好和位置信息的情形下, Fong 等给出了一个 4-近似的确定性策略对抗机制和一个近似比为 2 的随机策略对抗机制. 此外, Fong 等还给出了一个 1.06 的下界. 而对于最大化最小效用的目标, 他们给出了一个 1.5 的下界, 并且在消费者可以同时误报偏好和位置信息的情况下, 给出了一个 2-近似的确定性策略对抗机制.

接下来, 我们首先介绍关于社会效用目标的确定性近似机制设计, 然后介绍关于最小效用目标的结果.

机制 3.15 对于 $j = 1, 2$, 令 $w_j = \sum_{i=1}^{n} p_{ij}$ 以及 $\mathrm{mid}_j = \frac{w_j}{2}$. 将设施 F_j 开设在消费者 m_j 的位置上, 其中 $m_j = \arg\min_{k} \left\{\mathrm{mid}_j \leqslant \sum_{i=1}^{k} p_{ij}\right\}$.

定理 3.20 当消费者只能谎报位置时，机制 3.15是策略对抗的，对社会效用目标是最优的.

证明 首先，我们考虑不是 m_1 或 m_2 的消费者. 当他们真实位置在消费者 m_j 的左边时，如果谎报的位置仍然在 m_j 的左边，就不能影响设施 F_j 的位置，而如果谎报的位置在 m_j 的右边，就只会使 F_j 远离他们. 因此，他们没有动机谎报位置. 当真实位置在 m_j 的右边时，类似的分析可以得出他们同样没有动机谎报. 对于消费者 m_j，由于上面的讨论，他不能通过虚报使设施 F_{3-j} 向他移动，另外，设施 F_j 已经是消费者 m_j 最好的位置. 因此，他没有动机去虚报. 于是，如果只有位置可以谎报，那么机制 3.15是策略对抗的. 此外，可以用类似于中位点机制最优性的方法来证明它对于社会效用是最优的. □

机制 3.16 给定位置和偏好组合 c，对于设施 F_j，将所有对 F_j 偏好大于 0(即 $p_{ij} > 0$) 的消费者中最左边的消费者记作 l_j，最右边的消费者记作 r_j. 将设施 F_j 开设在 $y_j = (x_{l_j} + x_{r_j})/2$.

定理 3.21 当消费者只能谎报偏好时，机制 3.16是策略对抗的，对社会效用目标是 2-近似的.

证明 在机制 3.16 中，为了影响设施 F_j 的位置，分别对以下三种情形进行讨论.

情形 1 l_j 将他对 F_j 的偏好改为 0. 由于设施 F_j 的输出位置是 $(x_{l_j}+x_{r_j})/2$，如果 l_j 将他的偏好虚报为零，那么 l_j 将变成他右边的一个满足 $p_{i,j} > 0$ 的消费者 i，这会使设施远离他. 因此，在这种情况下，他没有动机虚报偏好.

情形 2 r_j 将他对 F_j 的偏好改为 0. 与情形 1 的分析类似.

情形 3 消费者 k，满足 $x_k < x_{l_j}$ 或 $x_k > x_{r_j}$，将偏好从 0 虚报为非零. 虽然消费者可以通过将偏好从 0 虚报为非零来拉近与设施 F_j 的距离，但由于 $p_{ij} = 0$，因此他们没有动机虚报他们的偏好.

因此，机制 3.16是策略对抗的. 接下来分析机制的近似比. 令 $\alpha_{\text{len}} = x_{r_1} - x_{l_1}$ 和 $\beta_{\text{len}} = x_{r_2} - x_{l_2}$. 每个消费者 i 的效用是

$$\begin{aligned}
u(f(\boldsymbol{c}), c_i) &= L - d(x_i, y_1) \cdot p_{i1} - d(x_i, y_2) \cdot p_{i2} \\
&\geqslant L - \frac{\alpha_{\text{len}}}{2} \cdot p_{i1} - \frac{\beta_{\text{len}}}{2} \cdot p_{i2} \\
&\geqslant \frac{1}{2} L
\end{aligned}$$

对于 n 个消费者, 机制 3.16的社会效用至少是 $\frac{1}{2}nL$. 另外, 最优的社会效用是 $\text{OPT}_{\text{SU}}(\boldsymbol{c}) = nL$. 因此, $\text{OPT}_{\text{SU}}(\boldsymbol{c})/\text{SU}(f(\boldsymbol{c}), \boldsymbol{c}) \leqslant 2$. □

此外, 我们有一个几乎紧密的例子可以表明我们在定理 3.21中对于机制 3.16的近似比分析是紧的. 首先, 假设有 $(n-2)/2$ 个消费者位于左端点处, 具有偏好 $(1,0)$, 有 $(n-2)/2$ 个消费者位于右端点处, 具有偏好 $(0,1)$. 然后, 假设有一个消费者位于 0 点, 偏好为 $(0,1)$, 有一个消费者位于 L 点处, 偏好为 $(1,0)$. 最优的机制会将 F_1 放在 0 处, 将 F_2 放在 L 处. 然而, 机制 3.16将 F_1 和 F_2 都放在 $L/2$ 处.因此, 最优的社会效用将是 $(n-2)L$, 而机制 3.16 的社会效用是 $n \cdot L/2$, 因为 F_1 和 F_2 都在 $L/2$ 处. 因此, 近似比至少是 $\dfrac{\text{OPT}_{\text{SU}}(\boldsymbol{c})}{\text{SU}(f(\boldsymbol{c}), \boldsymbol{c})} = \dfrac{(n-2)L}{n \cdot L/2} = 2 - 4/n$.

当消费者可以同时谎报位置和偏好时, 机制 3.15和机制 3.16都不再是策略对抗的.Fong 等[56] 给出了一个确定性 4 近似机制和一个随机的 2 近似机制, 有兴趣的读者可以参考文献 [56]. 下面我们将注意力转移到最小效用目标上.

引理 3.1　对于最小效用目标, 不存在近似比好于 1.5 的确定性策略对抗机制.

证明　假设存在一个策略对抗的确定性机制, 其近似比小于 1.5. 考虑位置和偏好组合 $\boldsymbol{c} = (\boldsymbol{x}, \boldsymbol{p})$, 其中 $\boldsymbol{x} = (0, L)$ 和 $\boldsymbol{p} = ((1,0),(1,0))$. 不失一般性地假设机制将设施 F_1 开设在 $L/2+\epsilon$ 处, 其中 $\epsilon \geqslant 0$. 现在考虑另一个组合 $\boldsymbol{c}' = (\boldsymbol{x}', \boldsymbol{p})$, 其中 $\boldsymbol{x}' = (0, L/2+\epsilon)$. 对于 $\boldsymbol{c}'$ 的最优解的最小效用是 $\frac{3}{4}L - \frac{\epsilon}{2}$, 那么为了得到一个小于 1.5 的近似比, 我们需要将 F_1 放在 $(0, L/2+\epsilon)$ 的范围内. 在这种情况下, 消费者 2 可以通过虚报自己的位置为 $x_2' = L$, 将 F_1 的位置移动到 $L/2+\epsilon$, 从而获益. 这与策略对抗性相矛盾. □

有了 1.5 的不可近似性, 我们还能证明固定输出设施位置 $\left(\frac{L}{2},\frac{L}{2}\right)$ 的平凡机制就能得到 2 近似.

定理 3.22 将两个设施都开设在 $\frac{L}{2}$ 处的机制是群体策略对抗的, 对最小效用目标有 2-近似.

证明 由于该机制是固定的, 其群体策略对抗性是显然的. 无论消费者位置如何, 该机制得到的最小效用均为

$$\begin{aligned}\mathrm{MU}(f(\boldsymbol{c}),\boldsymbol{c}) &= L - d(x_i,y_1)\cdot p_{i,1} - d(x_i,y_2)\cdot p_{i,2}\\ &\geqslant L - \frac{L}{2}(p_{i,1}+p_{i,2})\\ &= \frac{L}{2}\end{aligned}$$

而最优的最小效用是 $\mathrm{OPT}_{\mathrm{MU}}(\boldsymbol{c}) = L$. 因此, 近似比至多是 $\frac{L}{L/2} = 2$. □

3.3 更多的偏好

除了在第 3.1节中介绍的厌恶型设施模型和在第 3.2节中介绍的异质型设施模型 (包括双重偏好、可选偏好、分数偏好等) 之外, 还有其他类型的消费者偏好模型, 我们下面进行简要的介绍.

Mei 等 [57] 研究了带有阈值的厌恶型设施选址模型, 其中消费者的效益函数中有两个阈值 $d_1, d_2 (0 \leqslant d_1 \leqslant d_2 \leqslant 1)$. 如果消费者与设施的距离不超过 d_1, 则效用为 0; 如果距离至少是 d_2, 则效用为 1; 如果距离在 d_1 到 d_2 之间, 此时的效用由 0 到 1 之间的线性增函数确定. 例如, 政府计划建造一个垃圾填埋场、化工厂或核反应堆. 当设施在一个固定范围内靠近一个居民时, 对该居民来说是完全不能接受的. 同样, 如果设施已经足够远了, 距离的小幅增加则不会造成任何影响.

Zou 和 Li[7] 还考虑了两个相反的设施, 其中两个设施对于消费者来说具有相反的特征, 这意味着所有的消费者都希望尽可能靠近一个设施 (记为 F_1), 并尽可

能远离另一个设施 (记为 F_0). 例如, 政府计划建造一个垃圾收集点来收集垃圾和一个垃圾处理厂来处理收集的垃圾. 自然地, 所有的工厂都希望离垃圾收集点更近, 以减少送垃圾的成本, 但远离垃圾处理厂, 以降低垃圾处理过程中污染所带来的影响. 对于一个给定的设施建造方案 $\boldsymbol{y}=(y_0,y_1)$, 消费者 i 的效用可以定义为它到 F_0 和 F_1 的距离之差, 即 $u(x_i,\boldsymbol{y})=d(x_i,y_0)-d(x_i,y_1)$.

Chan 等 [58] 研究了序数偏好 (ordinal preferences), 其中每个消费者对所有设施都有一个完全排序. 即使一个设施离消费者最近, 他也可能更喜欢去另一个更远的设施, 因为该设施在他心目中的排序更靠前. 在许多现实的公共设施领域, 消费者经常需要在他们的偏好与到设施的距离之间进行权衡. 例如, 规划者想要在一个区域内建立几个可替代的公共设施, 这些设施可以是一组不同的图书馆 (例如, 具有独特的物理配置和图书资源), 也可以是具有不同教育体系和属性的公立学校. 一些消费者喜欢公共图书馆中全方位的普通书籍, 而另一些消费者喜欢专业图书馆中的专业书籍和环境. 同样, 家长和学生对教育持有自己的观点, 因而对公立学校也有不同的偏好. 因此, 消费者 (如图书馆用户和家长/学生) 可以对这些设施进行排序. 然而, 当最优的设施 (如学校) 太远, 使得去那里的成本太高时, 消费者就需要平衡他们的序数偏好与到设施的距离之间的关系. 在 Chan 等的模型中, 消费者为设施付出的费用是他到该设施的距离乘以一个折扣因子, 而从设施收到的效用则是他到该设施距离的倒数除以一个折扣因子, 该因子取决于该设施在消费者序数偏好中的排名.

第 4 章　不同动机因素和约束条件下的设施选址博弈

在前面提到的所有工作中, 消费者虚报的能力仅限于他们的位置或偏好. 在本章中, 我们介绍不同动机因素和约束条件下的设施选址博弈模型, 讨论一些代表性的变种模型, 或者扩展了消费者可能的操纵空间, 或者机制被赋予额外的能力来处理消费者的动机.

第 4.1 节讨论消费者拥有多个位置的情形. 在经典模型中, 每个消费者拥有一个位置, 并且也只能向机制报告一个位置. 一种自然的拓展是每个消费者可以控制多个位置, 其费用是从他的位置到设施的总距离或最大距离. 进一步, 还可以假设每个消费者控制多个不同权重的位置, 并且还有可能隐藏某些位置.

第 4.2 节讨论消费者的其他动机和操纵空间. 一类重要的动机是假名操纵 (false-name manipulation), 其中消费者可以通过伪造身份来多次报告信息, 比如一个消费者可以报告多个电子邮箱地址或者重复登录一项在线服务等. 如果一个机制能够保证没有消费者能通过多次报告信息来获益, 则称为假名对抗的 (false-name-proof). 不难看出, 假名对抗是一个比策略对抗更强的概念. 此外, 还有带验证的机制设计、多阶段机制设计等变种.

第 4.3 节介绍了不同约束条件下的设施选址博弈机制设计. 例如, 由于物理条件或者服务时间的限制, 每个设施只能服务有限多个消费者, 从而设施具有容量限制. 又如, 由于城市地理条件和空间条件的限制, 设施并不能开设在所有地点, 而只能开设在有限多个被指定的地点. 除了上述约束条件之外, 还有最大距离限制、最小距离限制等.

4.1　消费者拥有多个位置

在经典设施选址博弈模型中, 每个消费者拥有一个位置, 并且也只能向机制报告一个位置. 这种假设可能适用于一些简单的场景, 例如在一条街道上建造邮局或加油站, 而每个消费者只有一个住址. 然而, 在一些更复杂的场景中, 这种假设可能过于简化或不切实际. 例如, 政府考虑在一个区域内建造公园或体育馆, 而每个消费者可能有多个与该区域相关的位置, 比如家、工作地点、学校等. 在这种情况下, 每个消费者可以控制多个位置, 并且他的费用可能取决于他的所有位置到设施的总距离或最大距离. 例如, 如果一个消费者的家和工作地点都离公园很近, 那么他的费用可能很低; 但如果他的家或工作地点中有一个离公园很远, 那么他的费用可能很高. 因此, 一种自然的拓展是允许每个消费者报告多个位置, 并根据他们到设施的总距离或最大距离来计算他们的费用. Procaccia 和 Tennenholtz[42] 首先考虑了这种自然的扩展, 我们将在第 4.1.1 节中进行介绍.

进一步, 还可以假设每个消费者控制多个不同权重的位置, 并且还有可能隐藏某些位置. 这种假设可以反映消费者对不同位置的重视程度和消费者可能存在的策略行为. 例如, 每个消费者可能有多个与设施相关的位置, 比如家、工作地点、常去的商场等, 在这种情况下, 消费者对不同位置有不同的权重, 而权重表示他们在不同位置花费的时间或去往不同位置的频率. 如果一个消费者经常去商场而不是工作地点, 那么他对商场的位置可能有更高的权重; 但如果他很少去商场而经常去工作地点, 那么他对工作地点的位置可能有更高的权重. 因此, 另一种拓展是允许每个消费者报告多个带有权重的位置, 并根据他们到设施的加权距离来计算他们的费用. 然而, 在这种拓展中, 消费者可能出现一些操纵性行为, 比如隐藏某些位置或虚报某些位置的权重. 这种行为可能是为了使设施更靠近他们喜欢的位置, 或者使设施远离他们不喜欢的位置. 例如, 如果一个消费者想让博物馆离他家更近, 但是他家离市中心很远, 那么他可能会隐藏他的工作地点和商场的位置, 或者虚报他家的权重很高; 但如果他不喜欢噪声和人群, 想让剧院离他家更远, 那么他可能会隐藏他家的位置, 或者虚报他家的权重很低. 因此, 在设计机制时, 需要考虑到这种操纵性, 并尽量避免或减少它对社会效益和公平性的影响. Hossain 等 [12] 首先考虑了这种加权多位置模型以及消费者可隐藏位置的情形, 我们将在第 4.1.2 节中进行介绍.

4.1.1 无权重多位置模型

Procaccia 和 Tennenholtz[42] 除了提出了经典设施选址博弈模型之外, 还考虑了一个自然的扩展, 即每个消费者可以控制多个位置. 设 w_i 是消费者 $i \in N$ 控制的位置的数量, 这些数量是公开的信息. 我们用 $\boldsymbol{x}_i = x_{i1}, \cdots, x_{iw_i}$ 表示消费者 i 控制的位置的集合, 而所有消费者的位置组合是 $\boldsymbol{x} = (\boldsymbol{x}_1, \cdots, \boldsymbol{x}_n)$. 在多位置单设施模型中, 一个确定性机制是一个函数 $f : \mathbb{R}^{w_1} \times \cdots \times \mathbb{R}^{w_n} \to \mathbb{R}$, 它给定每个消费者报告的多个位置, 输出一个设施的位置. 一个随机机制则返回一个关于 $\mathbb{R}$ 的概率分布.

与之前一样, 我们对最小化社会费用或最大费用的目标函数感兴趣, 但现在还需要对消费者的费用做不同的假设. 如果目标函数是最小化社会费用, 给定一个设施位置 y, 一个消费者的费用是到其位置的距离之和: $\mathrm{cost}(y, \boldsymbol{x}_i) = \mathrm{sc}(y, \boldsymbol{x}_i) = \sum_{j=1}^{w_i} |y - x_{ij}|$. 如果目标是最小化最大费用, 那么一个消费者的费用是到其位置的最大距离: $\mathrm{cost}(y, \boldsymbol{x}_i) = \mathrm{mc}(y, \boldsymbol{x}_i) = \max_{j \in 1, \cdots, w_i} |y - x_{ij}|$. 对于随机机制, 期望费用也是如此定义. 注意, 当个体费用按照前面定义时, 最优化社会费用实际上等价于最小化设施到所有消费者控制的所有位置的距离之和, 即选择使得 $\sum_{i \in N} \sum_{j \in 1, \cdots, w_i} |y - x_{ij}|$ 最小化的 y. 最优化最大费用意味着最小化关于所有消费者控制的所有位置的最大距离, 即最小化 $\max_{i \in N} \max_{j \in 1, \cdots, w_i} |y - x_{ij}|$.

首先考虑最小化社会费用. 当从经典模型拓展到这个多位置模型时, 最优化社会费用的中位点机制不再是策略对抗的. 为了说明这一点, 考虑一个有两个消费者的简单例子. 设 $\boldsymbol{x}_1 = (0, 1, 1)$ 和 $\boldsymbol{x}_2 = (0, 0)$. 最优解是所有位置的中位数, 即 0; 我们有 $\mathrm{cost}(0, \boldsymbol{x}_1) = 2$. 然而, 通过报告 $\boldsymbol{x}_1' = (1, 1, 1)$, 消费者 1 可以将所有位置的中位数移动到 1; 注意到 $\text{cost}(1, \boldsymbol{x}_1) = 1$, 因此消费者 1 通过谎报其位置而受益.

Dekel 等 [59] 在回归学习的背景下实际上已经研究了这个设定, 即在每个消费者控制多个位置时最优化社会费用. 他们在一个离散的等价设定下研究了以下的确定性机制. 令 $\text{med}(\boldsymbol{x})$ 为位置组合 $\boldsymbol{x}$ 的中位点.

机制 4.1　给定位置组合 $\boldsymbol{x}$, 构造一个新的位置组合 $\boldsymbol{x}'$, 其中对所有的消费者 $i \in N$, $\boldsymbol{x}'_i = (\text{med}(\boldsymbol{x}_i), \cdots, \text{med}(\boldsymbol{x}_i))$, 输出 $\text{med}(\boldsymbol{x}')$.

换句话说, 机制 4.1 首先将消费者 i 的 w_i 个位置投影到其中位数上, 然后在修改后的位置中选择中位数. 从本质上讲, 机制 4.1是一种修改后的中位点机制. Dekel 等 [59] 证明了以下定理.

定理 4.1　对于多位置单设施模型, 机制 4.1是群体策略对抗的, 对社会费用目标有 3 近似, 并且没有确定性策略对抗机制拥有严格好于 3 的近似比.

Procaccia 和 Tennenholtz[42] 证明了随机化可以打破上述的近似比下界 3.

机制 4.2　给定位置组合 $\boldsymbol{x}$, 对每个消费者 $i \in N$, 以 $\dfrac{w_i}{\sum\limits_{j \in N} w_j}$ 的概率输出 $\text{med}(\boldsymbol{x}_i)$.

这个机制是策略对抗的. 事实上, 每个消费者 $i \in N$ 都有一个以 $\text{med}(x_i)$ 为峰值的单峰偏好. 考虑消费者 i 说谎的情形, 如果它没有被机制选择, 那么谎报就不会带来任何区别; 如果 i 被选中, 那么它只能变得更糟.

然而, 与直觉不同的是, 这个机制并不是群体策略对抗的, 下面的例子说明了这一点. 设 $N = \{1, 2\}$, 并设 $\boldsymbol{x}_1 = (-3, -2, 1)$ 和 $\boldsymbol{x}_2 = (-1, 2, 3)$. 中位数是 $\text{med}(\boldsymbol{x}_1) = -2$, $\text{med}(\boldsymbol{x}_2) = 2$, 每个都被机制 4.2以概率 1/2 选择. 因此, 用 f 表示机制 4.2, 对于每个消费者 $i \in N$, 都有

$$\text{cost}(f(\boldsymbol{x}), \boldsymbol{x}_i) = \frac{1}{2} \times (1 + 3) + \frac{1}{2} \times (1 + 4 + 5) = 7$$

另外, 考虑位置组合 $\boldsymbol{x}'$, 其中两个消费者都报告他们的所有位置为 0, 那么 $f(\boldsymbol{x}')$

以概率 1 选择 0. 因此, 对于所有的 $i \in N$,

$$\operatorname{cost}(f(\boldsymbol{x}'), \boldsymbol{x}_i) = 6$$

这意味着两个消费者都从偏离 $\boldsymbol{x}$ 到 $\boldsymbol{x}'$ 中严格受益.

Procaccia 和 Tennenholtz[42] 证明了当只有 $n = 2$ 个消费者时, 机制 4.2对于社会费用的近似比为 $2 + \dfrac{|w_1 - w_2|}{w_1 + w_2}$, 并且这个分析是紧的.Lu 等 [40] 随后对一般的情形进行了分析, 证明了该机制的近似比对于一般的 n 是 $3 - \dfrac{2 \min\limits_{j \in N} w_j}{\sum\limits_{j \in N} w_j}$. 不难看出, 当 $n = 2$ 时, $2 + \dfrac{|w_1 - w_2|}{w_1 + w_2} = 3 - \dfrac{2 \min\limits_{j \in N} w_j}{\sum\limits_{j \in N} w_j}$. 此外, Lu 等 [40] 还对随机策略对抗机制给出了 1.33 的近似比下界.

接下来, 考虑最小化消费者最大费用. 一个关键的观察是, 给定一个消费者 $i \in N$, 对于它的位置 $\boldsymbol{x}_i \in \mathbb{R}^{w_i}$ 和一个设施位置 $y \in \mathbb{R}$, 都有

$$\operatorname{mc}(y, \boldsymbol{x}_i) = |y - \operatorname{cen}(\boldsymbol{x}_i)| + \frac{\operatorname{rt}(\boldsymbol{x}_i) - \operatorname{lt}(\boldsymbol{x}_i)}{2} \tag{4.1}$$

其中 $\operatorname{cen}(\boldsymbol{x}_i)$、$\operatorname{rt}(\boldsymbol{x}_i)$、$\operatorname{lt}(\boldsymbol{x}_i)$ 分别是 $\boldsymbol{x}_i$ 的中点、右端点、左端点. 因此, 当 $\operatorname{cost}(y, \boldsymbol{x}_i) = \operatorname{mc}(y, \boldsymbol{x}_i)$ 时, 消费者的偏好是单峰的, 以 $\operatorname{cen}(\boldsymbol{x}_i)$ 为峰值, 而且他们的效用只取决于距离 $|y - \operatorname{cen}(\boldsymbol{x}_i)|$.

在经典的消费者只有一个位置的模型中, 我们已经看到, 对于最大费用目标, 很容易得到一个确定性的策略对抗的 2-近似机制, 因为返回任何位于 $\operatorname{lt}(\boldsymbol{x})$ 和 $\operatorname{rt}(\boldsymbol{x})$ 之间的位置都可以得到一个 2-近似. 同样的逻辑也适用于我们当前的设定. 给定 $\boldsymbol{x} \in \mathbb{R}^{w_1} \times \cdots \times \mathbb{R}^{w_n}$, 定义向量 $\operatorname{multicen}(\boldsymbol{x}) = (\operatorname{cen}(\boldsymbol{x}_1), \cdots, \operatorname{cen}(\boldsymbol{x}_n))$, 这是消费者偏好峰值的向量. 因此, 选择最左边的中心, $\operatorname{lt}(\operatorname{multicen}(\boldsymbol{x}))$ 是一个群体策略对抗的解决方案. 而且, 我们有 $\operatorname{lt}(\boldsymbol{x}) \leqslant \operatorname{lt}(\operatorname{multicen}(\boldsymbol{x})) \leqslant \operatorname{rt}(\boldsymbol{x})$, 所以 $\operatorname{mc}(\operatorname{lt}(\operatorname{multicen}(\boldsymbol{x}), \boldsymbol{x}) \leqslant \operatorname{rt}(\boldsymbol{x}) - \operatorname{lt}(\boldsymbol{x})$, 而最优解决方案的最大费用至少是 $(\operatorname{rt}(\boldsymbol{x}) - \operatorname{lt}(\boldsymbol{x}))/2$. 因此, 我们已经证明了以下定理.

定理 4.2　对于多位置单设施模型, 机制 $f(\boldsymbol{x}) = \mathrm{lt}(\mathrm{multicen}(\boldsymbol{x}))$ 是群体策略对抗的, 对最大费用目标有 2 近似.

因为多位置模型比单位置模型 (即 $w_i = 1, \forall i \in N$) 更加一般化, 所以单位置模型的近似比下界可以直接应用到这里. 由定理 2.3可知, 任何确定性策略对抗机制对于最小化最大费用的近似比都无法好于 2.

接下来考虑随机机制. 随机化可以很轻松地打破上述确定性机制的近似比下界 2. 在第 2.1.2节中我们针对经典单位置模型给出了左右中机制, 即以 $\frac{1}{4}$ 概率输出左端点 $\mathrm{lt}(\boldsymbol{x})$, 以 $\frac{1}{4}$ 概率输出右端点 $\mathrm{rt}(\boldsymbol{x})$, 以 $\frac{1}{2}$ 概率输出 $\mathrm{cen}(\boldsymbol{x})$. 现在我们对该机制进行一定的扩展, 使其适应这里的多位置模型.

机制 4.3 (扩展左右中机制)　给定消费者的位置组合 $\boldsymbol{x} \in \mathbb{R}^{w_1} \times \cdots \times \mathbb{R}^{w_n}$, 以 $\frac{1}{4}$ 概率输出左端点 $\mathrm{lt}(\mathrm{multicen}(\boldsymbol{x}))$, 以 $\frac{1}{4}$ 概率输出右端点 $\mathrm{rt}(\mathrm{multicen}(\boldsymbol{x}))$, 以 $\frac{1}{2}$ 概率输出 $\mathrm{cen}(\mathrm{multicen}(\boldsymbol{x}))$.

定理 4.3　对于多位置单设施模型, 扩展左右中机制是随机、群体策略对抗的, 对最小化最大费用是 $\frac{3}{2}$-近似的.

证明　利用式(4.1), 机制的群体策略对抗性可以从定理 2.4的证明中通过完全相同的论证得到. 下面证明近似比. 设 $\boldsymbol{x} \in \mathbb{R}^n$. 通过对距离进行放大或者缩小, 可以不失一般性地假设 $\mathrm{lt}(\boldsymbol{x}) = 0$, $\mathrm{rt}(\boldsymbol{x}) = 1$. 设 $i \in N$ 是控制 0 的消费者, 那么 $\mathrm{lt}(\boldsymbol{x}_i) = 0$, $\mathrm{rt}(\boldsymbol{x}_i) \leqslant 1$, 因此 $\mathrm{cen}(\boldsymbol{x}_i) \leqslant 1/2$. 于是我们有 $\mathrm{lt}(\mathrm{multicen}(\boldsymbol{x})) \leqslant 1/2$. 类似地, 我们有 $\mathrm{rt}(\mathrm{multicen}(\boldsymbol{x})) \geqslant 1/2$. 用 f 表示该机制, 我们有

$$
\begin{aligned}
\mathrm{mc}(f(\boldsymbol{x}), \boldsymbol{x}) = {} & \frac{1}{4} \cdot (1 - \mathrm{lt}(\mathrm{multicen}(\boldsymbol{x}))) + \frac{1}{4} \cdot \mathrm{rt}(\mathrm{multicen}(\boldsymbol{x})) + \\
& \frac{1}{2} \cdot \max\left\{ \frac{\mathrm{lt}(\mathrm{multicen}(\boldsymbol{x})) + \mathrm{rt}(\mathrm{multicen}(\boldsymbol{x}))}{2}, \right. \\
& \left. 1 - \frac{\mathrm{lt}(\mathrm{multicen}(\boldsymbol{x})) + \mathrm{rt}(\mathrm{multicen}(\boldsymbol{x}))}{2} \right\} \\
= {} & \max\left\{ \frac{1}{4} + \frac{\mathrm{rt}(\mathrm{multicen}(\boldsymbol{x}))}{2}, \frac{3}{4} - \frac{\mathrm{lt}(\mathrm{multicen}(\boldsymbol{x}))}{2} \right\} \\
\leqslant {} & \frac{3}{4}
\end{aligned}
$$

其中最后一个不等式成立是因为 $\mathrm{lt}(\mathrm{multicen}(\boldsymbol{x})) \geqslant 0$ 和 $\mathrm{rt}(\mathrm{multicen}(\boldsymbol{x})) \leqslant 1$. 最优解的最大费用是 $\frac{1}{2}$. 因此, 该机制的近似比为 $\frac{3}{2}$. □

关于近似比下界, 单位置模型的下界同样可以直接应用到这里. 由定理 2.5可知, 任何随机策略对抗机制对于最小化最大费用的近似比都无法好于 $\frac{3}{2}$. 因此, 扩展左右中机制的近似比 $\frac{3}{2}$ 是最好的可能.

上述所有结论汇总在表 4.1中, 即消费者拥有多个位置的单设施选址博弈中策略对抗机制的近似比上界和下界.

表 4.1　多位置模型的近似比上下界

目标函数	确定性机制	随机机制
社会费用	上界: 3	上界: $3-\frac{2\min_{j\in N} w_j}{\sum_{j\in N} w_j}$
	下界: 3	下界: 1.33
最大费用	上界: 2	上界: 1.5
	下界: 2	下界: 1.5

4.1.2　可隐藏位置的多位置模型

Hossain 等 [12] 在一个更一般的框架下研究了多位置的设定, 他们进一步假设每个消费者可能控制多个具有不同重要程度的位置, 消费者的费用是他们到设施的加权距离之和. 一个机制既需要诱导出消费者的位置信息, 还需要导出关于其重要性的不同层次的信息.

绝大多数关于设施选址机制设计的工作都集中在两种操纵类型: 谎报位置和谎报偏好. 在某些情境下, 消费者可能无法谎报他们的位置, 但仍然可以通过隐藏他们的位置来操纵机制输出的解. 例如, 为了决定设施应该建在哪里, 一项调查可能要求居民提供他们的家庭地址, 或者要求学校董事会提供学校地址. 这样的报告通常可以很容易地被验证, 无论是通过外部方法或者要求参与者上传证明材料. 在这种情况下, 消费者不能谎报他们的位置, 因为这可能等同于欺诈; 但是, 他们可以选择不参与, 从而隐藏他们的位置. 此外, 虽然决策者可以检测到消费者隐藏的数据, 但是这种检测可能非常耗时或者侵犯个人隐私. 而当每个消费者拥有多个位置时, 他可以选择透露这些位置的任何子集, 使得这种隐藏位置的操纵手段变得更加复杂.

Hossain 等 [12] 研究了以下问题.①相比经常被研究的谎报位置, 隐藏位置的操纵手段有多强大? ②如何刻画这种操纵类型下的策略对抗机制? ③为保证策略对抗性而给系统目标带来的代价有多大? 他们考虑两个自然的目标: 社会费用 (即消费者的加权费用之和) 和非加权社会费用 (即所有点到设施的距离之和, 不考虑权重). 他们证明, 对于完全信息机制 (消费者需要报告自己的所有位置和权重), Dekel 等 [59] 引入的 PROJECT-AND-FIT 机制在经过适当的推广后, 对于谎报位置和隐藏位置这两种操纵类型都是策略对抗的, 对社会费用有 3 近似, 对非加权社会费用有 $2m-1$ 近似. 这两种近似比都是紧的, 无法再被改进. 对于序数机制 (消费者需要报告按权重排序的位置, 而不是确切的权重), 只有固定输出某个位置的常数机制才能对于隐藏位置是策略对抗的, 并且会导致对两种系统目标都有无穷大的近似. 因此, 相较于谎报位置而言, 隐藏位置所带来的正面结果更差, 它的能力也更强.

Yan 和 Chen[13] 进一步扩展了可能的操纵空间, 他们假设消费者可能存在三种操纵行为: 谎报位置、隐藏位置以及复制位置. 其中复制位置指的是消费者可能将自己的某一个位置报告很多遍.

Yan 和 Chen[13] 的工作结果完全刻画了在这种更丰富的操纵空间下的策略对抗机制. 直观而言, 对于每个报告多个位置的消费者, 我们可以将其视为一个控制单个位置的消费者, 即他最喜欢的位置, 也就是他报告位置的中位数. 这样, 所有对单位置设定的策略对抗机制也应该对多位置设定是策略对抗的. 一个自然的猜测是这些策略对抗机制就是所有的策略对抗机制. 然而事实并非如此, 他们证明了还存在其他的策略对抗机制, 这些策略对抗机制不仅依赖于消费者最喜欢的位置, 还依赖于他们报告的其他位置.

为了完全刻画每个消费者控制多个位置时所有的策略对抗机制, Yan 和

Chen[13] 首先证明了, 如果无法区分哪些位置是由同一个消费者报告的, 称为 *非识别位置*的设定, 则所有策略对抗机制输出的都是一个与报告位置无关的常数位置. 如果能够区分每个位置是由哪个消费者报告的, 称为 *识别位置*的设定, 则证明了任何策略对抗机制的一个必要性质: 对于每个消费者, 在该消费者最喜爱的位置和其他消费者的报告被固定的时候, 机制最多有两个可能的输出. 进一步, 他们将这个必要性质与帕累托有效性相结合, 得到了匿名的策略对抗机制的完全刻画.

接下来我们详细介绍 Yan 和 Chen[13] 的模型和结果. 假设有一组消费者 $[n]$. 每个消费者 $i \in [n]$ 控制一组在实线上的位置, $\bar{D}_i = \{\bar{y}_{i,j}\}_{j\in[\bar{D}_i]}$, $\bar{y}_{i,j} \in \mathbb{R}$. 每个消费者 $i \in [n]$ 被要求报告他的位置集合, 设 $D_i = \{y_{i,j}\}_{j\in[D_i]}$ 表示消费者 i 报告的位置集合, 其中 $y_{i,j} \in \mathbb{R}$. 报告的位置集合 D_i 与真实的位置集合 $\bar{D}_i$ 在大小和数值上可能有所不同. 用 $\mathcal{D} = \{D_i\}_{i\in[n]}$ 表示所有消费者报告的位置集合, $N = \sum\limits_{i\in[n]} |D_i|$ 表示报告位置的总数. 我们想要设计一个机制 $\pi : \mathbb{R}^N \to \mathbb{R}$, 使得 $\pi(\mathcal{D})$ 是一个适当的建造设施的位置, 该设施将被所有消费者使用. 每个消费者使用位于 $\pi(\mathcal{D})$ 处的设施时会有费用

$$l(\pi(\mathcal{D}), \bar{D}_i) = \sum_{\bar{y}_{i,j}\in\bar{D}_i} |\pi(\mathcal{D}) - \bar{y}_{i,j}|$$

这个费用函数意味着当设施位于消费者的中位数时, 消费者的费用最小化, 并且当设施从区间的任一侧远离时, 费用将严格增加. 我们用 $\mathrm{med}(\boldsymbol{x})$ 来表示位置组合 $\boldsymbol{x}$ 的中位数: 当 $|\boldsymbol{x}|$ 是奇数时, $\mathrm{med}(\boldsymbol{x})$ 就等于中位点; 当 $|\boldsymbol{x}|$ 是偶数时, $\mathrm{med}(\boldsymbol{x})$ 是左中位点与右中位点组成的闭区间.

消费者想要通过报告 D_i 来最小化他们的费用时, 可能有三种类型的策略行为.①谎报位置. 每个消费者 $i \in [n]$ 可以为他控制的每个位置报告不同的值. 这是经典模型中经常考虑的策略行为.②复制位置. 每个消费者 i 都可以将他的一个或多个位置报告多次. 注意即使一个消费者没有重复报告他控制的位置, 也有可能出现一些位置出现多次的情况.③隐藏位置. 每个消费者 i 都可以选择不报告他控制的一些位置. 这三种类型的策略行为的组合允许消费者报告一组任意大小和任意

值的位置.

一个机制关于某种策略行为是*策略对抗的*, 如果无论其他人如何报告, 每个消费者都不能通过策略行为来减少自己的费用. 一个机制是*匿名的*, 如果它输出的结果与消费者的身份无关, 也就是说, 将消费者的身份任意置换后, 机制输出的解不变. 一个机制被称为*有效的*, 如果它的输出对所有消费者来说是帕累托最优的, 即不存在另一个设施位置对至少一个消费者来说严格更好, 而对所有其他消费者来说没有更差. 当每个消费者 $i \in [n]$ 都只控制一个位置 y_i 时, Moulin[39] 刻画了所有关于谎报位置的匿名和策略对抗的机制都具有以下形式:

$$\pi(\mathcal{D}) = \mathrm{med}(y_1, \cdots, y_n, \alpha_1, \cdots, \alpha_{n+1}), \quad \forall y$$

其中 $\alpha_1, \cdots, \alpha_{n+1} \in \mathbb{R} \cup \{-\infty, +\infty\}$ 是常数; 所有关于谎报位置的匿名、有效和策略对抗的机制都具有以下形式:

$$\pi(\mathcal{D}) = \mathrm{med}(y_1, \cdots, y_n, \alpha_1, \cdots, \alpha_{n-1}), \quad \forall y$$

其中 $\alpha_1, \cdots, \alpha_{n-1} \in \mathbb{R} \cup \{-\infty, +\infty\}$ 是常数.

Yan 和 Chen[13] 首先证明, 当每个消费者可以控制多个位置时, 能够识别哪些位置是由同一个消费者报告的是设计非平凡的策略对抗机制的必要条件. 用非识别位置这个术语来表示对于任何报告的位置 $y_{i,j} \in \mathcal{D}$, 无法识别出报告了位置的消费者 i. 下面的定理说明, 对于非识别位置, 所有策略对抗机制都必须是平凡的常数机制.

定理 4.4　*对于每个消费者控制多个位置的模型, 在非识别位置的情形下, 任何关于谎报位置的策略对抗机制都必须输出一个常数位置.*

证明　为了方便起见, 用 $\mathcal{D} = \{y_j\}_{j \in [N]}$ 表示报告的数据集. 由于报告的位置是非识别的, 所以有可能对每个 i 都有 $|D_i| = 1$. 那么根据文献 [39], 任何策略对抗机制都具有以下形式:

$$\pi(\mathcal{D}) = \mathrm{med}(y_1, \cdots, y_N, \alpha_1, \cdots, \alpha_{N+1}), \quad \forall y$$

我们接下来证明 $\alpha_1 = \cdots = \alpha_{N+1} = \alpha$ 对某个 $\alpha \in \mathbb{R} \cup \{-\infty, +\infty\}$ 成立, 这意味着机制总是返回一个常数 α. 如若不然, 不妨设 $\alpha_1 < \alpha_2 \leqslant \alpha_3 \leqslant \cdots \leqslant \alpha_{N+1}$. 那么我们可以构造一个例子, 其中一个消费者可以通过谎报位置来获得更少的费用. 考虑将 $\bar{D}_1 = \{y_1 = \alpha_1\}$ 和 $\bar{D}_2 = \{y_2, \cdots, y_N\}$ 作为消费者 1 和 2 分别控制的真实位置, 其中 $y_N = \alpha_2$ 和 $y_j = (\alpha_1 + \alpha_2)/2$ 对于 $j = 2, \cdots, N-1$. 那么真实报告会导致 $\pi(\bar{D}_1, \bar{D}_2) = \alpha_2$ 并且消费者 2 承受费用 $(N-2)(\alpha_2 - \alpha_1)/2$. 如果消费者 2 通过操纵 y_N 为 $y'_N = (\alpha_1 + \alpha_2)/2$ 来错误报告他的位置, 那么机制将输出 $(\alpha_1 + \alpha_2)/2$, 而他的费用将变为 $(\alpha_2 - \alpha_1)/2$, 这在 $N > 3$ 时严格更小, 推出矛盾. □

尽管上述定理只针对关于谎报位置的策略对抗机制, 但作为一个显然的推论, 在非识别的情形下, 任何关于谎报位置、复制位置、隐藏位置的策略对抗机制都必须输出一个常数位置. 因此, 接下来我们关注可以识别位置的情形. 注意, 识别位置与匿名性并不冲突. 匿名性意味着一个机制的结果不受消费者打乱顺序或者标签的影响, 而识别位置只要求一个人知道哪些位置是由同一个消费者报告的, 而消费者的标签并不重要.

在可识别位置的情形下, Yan 和 Chen[13] 首先说明, 从任意消费者 i 的角度来看, 固定其他消费者的报告时, 如果消费者 i 报告位置的中位数 $\mathrm{med}(D_i)$ 不变的话, 任何匿名和策略对抗的机制最多可以有两个不同的输出. 然后他们说明了, 任何匿名、有效和策略对抗的机制 π, 必须只依赖于每个消费者的最优位置. 换句话说, 消费者只需要报告他们最喜欢的位置即可, 即 $\mathrm{med}(D_i)$. 最后, 他们给出了下面完全的刻画, 其证明请见文献 [13] 中的定理 5.1.

定理 4.5 对于每个消费者控制多个位置的模型, 一个机制 π 是匿名、有效的, 以及关于谎报、复制和隐藏位置是策略对抗的, 当且仅当存在 $\alpha_1, \cdots, \alpha_{n-1} \in \mathbb{R} \cup \{-\infty, +\infty\}$, $\beta \in [0, 1]$, 对于 $\forall D_1, \cdots, D_n$ 都有

$$\pi(D_1, \cdots, D_n) = \mathrm{med}(y_1^*, \cdots, y_n^*, \alpha_1, \cdots, \alpha_{n-1})$$

其中 $y_i^* = \beta y_i^0 + (1-\beta) y_i^1$, 而 $[y_i^0, y_i^1] = \mathrm{med}(D_i)$ 是中位数区间.

注意到如果 $\text{med}(D_i)$ 是某个消费者 i 的中位数区间, 那么区间中的任何值都可以被视为消费者 i 的最优位置. 为了简单起见, 上述刻画只包含一个基于任意常数 β 的平局破解规则, 它与 $(\alpha_1, \cdots, \alpha_{n-1})$ 无关, 并保证了策略对抗性. 实际上, 上述定理不仅刻画了策略对抗性, 还刻画了一个更强的性质——群体策略对抗性.

定理 4.6　对于每个消费者控制多个位置的模型, 一个机制 π 是匿名的、有效的, 以及关于谎报、复制和隐藏位置是群体策略对抗的, 当且仅当存在 $\alpha_1, \cdots, \alpha_{n-1} \in \mathbb{R} \cup \{-\infty, +\infty\}$, $\beta \in [0, 1]$, 对于 $\forall D_1, \cdots, D_n$ 都有

$$\pi(D_1, \cdots, D_n) = \text{med}(y_1^*, \cdots, y_n^*, \alpha_1, \cdots, \alpha_{n-1})$$

其中 $y_i^* = \beta y_i^0 + (1-\beta) y_i^1$, 而 $[y_i^0, y_i^1] = \text{med}(D_i)$ 是中位数区间.

证明　设 D_i 是消费者 i 报告的位置, 其中 $[y_i^0, y_i^1] = \text{med}(D_i)$. 对于任何消费者 i 和任何包括 i 的消费者群体 S, 用 $D_S = \{D_j\}_{j \in S}$ 表示他们的真实位置, 用 D_{-S} 表示其他消费者的报告位置. 不失一般性地假设 $y_i^1 < \pi(D_S, D_{-S})$.

考虑群体的所有谎报 $D_S' = \{D_j'\}_{j \in S}$, 它满足

$$l(\pi(D_S', D_{-S}), D_i) < l(\pi(D_S, D_{-S}), D_i)$$

那么 $\pi(D_S', D-S) < \pi(D_S, D_{-S})$. 这意味着存在某个 $j \in S$ 使得 $y_j^1 \geqslant \pi(D_S, D_{-S})$, 而在谎报后, $D_j' \neq D_j$, 某个值 $y_j' \in \text{med}(D_j')$ 满足 $y_j' < \pi(D_S, D_{-S})$. 那么对于消费者 j, 如果 $y_j^0 \leqslant \pi(D_S, D_{-S})$, 那么他的费用在这样谎报后不能变少, 因为他的费用最初是最小化的. 如果 $y_j^0 > \pi(D_S, D_{-S})$, 那么在这样的谎报后他将得到一个更多的费用. 因此, 至少群体中的消费者 j 的费用没有严格变得更少, 这就证明了群体策略对抗性. □

此外, Yan 和 Chen[13] 还证明了定理 4.5 和定理 4.6 中对于一种特殊情形下的仅关于谎报位置的策略对抗机制也是成立的, 即所有消费者控制相同数量的位置的情形. 这有点令人惊讶, 因为人们可能期望, 操纵空间越丰富, 策略对抗机制

的集合就越小. 一个开放性的问题和未来研究方向是, 在没有每个消费者控制相同数量位置的假设的情况下, 应该如何完全刻画仅关于谎报位置的策略对抗机制.

4.1.3 厌恶型设施的多位置模型

Feigenbaum 和 Sethuraman[6] 针对线段上的厌恶型设施研究了消费者拥有多个位置的情形, 其中每个消费者的效用定义为他的所有位置与设施的距离之和. 由于这是对厌恶型设施选址问题的一般化, 因此关于其下界的结果自然而然在新问题上成立, 具体而言, 确定性机制和随机机制对最大化社会效用的近似比下界分别是 3 和 $\frac{2}{\sqrt{3}}$.Feigenbaum 和 Sethuraman 提出了一个 3-近似的确定性策略对抗机制和一个 $\frac{3}{2}$-近似的随机策略对抗机制, 这都与消费者仅有一个位置时的当前最好上界结果相对应.

具体而言, 首先, 设 $\boldsymbol{k} = (k_1, \cdots, k_n) \in \mathbb{N}^n$. 一个位置组合现在是 $\boldsymbol{z} = (\boldsymbol{z}^1, \cdots, \boldsymbol{z}^n)$, 其中对于每个消费者 $i = 1, \cdots, n$, $\boldsymbol{z}^i = (z_1^i, \cdots, z_{k_i}^i) \in I^{k_i}$, $I = [0, 2]$ 是实线上的闭区间. 一个确定性机制是一组函数 $f = \{f_n^{\boldsymbol{k}} : n \in \mathbb{N}, \boldsymbol{k} \in \mathbb{N}^n\}$, 使得函数 $f_n^{\boldsymbol{k}}$ 将每个位置组合都映射到一个设施位置. 消费者 i 从设施位置 y 获得的效用现在定义为 $u(\boldsymbol{z}^i, y) = \sum\limits_{j=1}^{k_i} u(z_j^i, y)$, 其中 $u(x, y) = |x - y|$. 社会效用目标是最大化所有消费者的效用之和, 即 $\mathrm{SU}(\boldsymbol{z}, y) = \sum\limits_{i=1}^{n} u(\boldsymbol{z}^i, y)$.

Feigenbaum 和 Sethuraman[6] 提出了下面的确定性 3-近似机制.

机制 4.4 令 $R^* = \left\{i : \frac{\sum_{j=1}^{k_i} z_j^i}{k_i} \leqslant 1\right\}$, $L^* = \left\{i : \frac{\sum_{j=1}^{k_i} z_j^i}{k_i} > 1\right\}$. 考虑机制 f, 如果 $\sum\limits_{i \in R^*} k_i \geqslant \sum\limits_{i \in L^*} k_i$, 则将设施放置在 2 处, 否则放置在 0 处.

定理 4.7 对于消费者多位置的厌恶型设施模型, 机制 4.4是策略对抗的, 并且对社会效用目标有 3-近似性.

证明 策略对抗性很容易说明, 因为 R^* 是那些喜欢 2 点而不是 0 点的消费者集合. 最优的设施位置显然不是 0 就是 2. 不失一般性地假设 $f(\boldsymbol{z}) = 2$. 我们只需证明 $\frac{\mathrm{SU}(\boldsymbol{z}, 0)}{\mathrm{SU}(\boldsymbol{z}, 2)} \leqslant 3$. 但注意, 当设施放置在 2 处时, 每个属于 R^* 的消费者都

至少获得 k_i 的效用, 而当设施放置在 0 处时, 最多获得 k_i 的效用. 另外, 每个属于 L^* 的消费者显然获得介于 0 和 $2k_i$ 之间的效用. 因此, 利用 $f(\boldsymbol{z})=2$ 意味着 $\sum\limits_{i\in R^*} k_i \geqslant \sum\limits_{i\in L^*} k_i$ 这一事实, 我们得到

$$\frac{\mathrm{SU}(\boldsymbol{z},0)}{\mathrm{SU}(\boldsymbol{z},2)} \leqslant \frac{2\sum\limits_{i\in L^*} k_i + \sum\limits_{i\in R^*} k_i}{\sum\limits_{i\in R^*} k_i} \leqslant \frac{2\sum\limits_{i\in R^*} k_i + \sum\limits_{i\in R^*} k_i}{\sum\limits_{i\in R^*} k_i} = 3 \qquad \square$$

注意到当所有消费者都只有 $k_i=1$ 个位置时, 即 Cheng 等[5] 首次提出的厌恶型设施模型, 上述机制即退化成了文献 [5] 中的机制.Feigenbaum 和 Sethuraman[6] 还提出了下面的随机 1.5-近似机制.

定理 4.8　令 f 为一个随机机制, 对于位置组合 $\boldsymbol{z}$, 以概率 $p_{\boldsymbol{z}}$ 将设施放置在 0 处, 以概率 $(1-p_{\boldsymbol{z}})$ 将设施放置在 2 处. 那么, 关于 $p_{\boldsymbol{z}}$ 的以下条件可以使机制是策略对抗的并且有 $\dfrac{3}{2}$-近似:

(1) $p_{\boldsymbol{z}}$ 关于 $\sum\limits_{i\in L^*} k_i$ 单调递增, 关于 $\sum\limits_{i\in R^*} k_i$ 单调递减;

(2) $\dfrac{1}{3}+\dfrac{1}{6}\cdot\dfrac{\sum\limits_{i\in L^*} k_i}{\sum\limits_{i\in R^*} k_i} \geqslant p_{\boldsymbol{z}} \geqslant \dfrac{2}{3}-\dfrac{1}{6}\cdot\dfrac{\sum\limits_{i\in R^*} k_i}{\sum\limits_{i\in L^*} k_i}$ (如果 $\sum\limits_{i\in R^*} k_i=0$, 则最左边的项是 ∞, 如果 $\sum\limits_{i\in L^*} k_i=0$, 则最右边的项是 $-\infty$).

证明　策略对抗性由条件 (1) 保证. 固定 $\boldsymbol{z}$, 并令 $p=p_{\boldsymbol{z}}$. 对于近似比, 有两种情况需要考虑. 首先, 假设对于位置组合 $\boldsymbol{z}$, 最优的设施位置是 0, 社会效用为 OPT. 如果 0 和 2 都是最优的, 显然无论选择什么样的 p 都能得到近似比 1. 假设 2 不是最优的, 那么 $\sum\limits_{i\in L^*} k_i>0$. 由于对于每个属于 R^* 的消费者 i, 我们有 $\dfrac{\sum\limits_{j=1}^{k_i} z_j}{k_i} \leqslant 1$, 他从放置在 2 处的设施获得的效用至少为 k_i, 因此将设施放置在 2 处的社会效用至少为 $\sum\limits_{i\in R^*} k_i$. 于是, 只需证明

$$p\cdot \mathrm{OPT} + (1-p)\sum_{i\in R^*} k_i \geqslant \frac{2}{3}\mathrm{OPT}$$

或 $(1-p)\sum_{i\in R^*}k_i \geqslant \left(\frac{2}{3}-p\right)\text{OPT}$. 如果右边是负的, 那么这个不等式就成立. 假设右边是非负的. 注意到 $\text{OPT} \leqslant 2\sum_{i\in L^*}k_i + \sum_{i\in R^*}k_i$(将设施放置在 0 处时, 属于 R^* 的 i 的效用被 k_i 界定, 而属于 L^* 的 i 的效用显然被 $2k_i$ 界定). 因此, 只需证明

$$(1-p)\sum_{i\in R^*}k_i \geqslant \left(\frac{2}{3}-p\right)\left(2\sum_{i\in L^*}k_i + \sum_{i\in R^*}k_i\right)$$

将这个不等式中的 p 分离出来, 可以得到

$$p \geqslant \frac{2}{3} - \frac{1}{6}\cdot\frac{\sum\limits_{i\in R^*}k_i}{\sum\limits_{i\in L^*}k_i}$$

根据条件 (2), 这个不等式是成立的.

另外, 假设对于 $\boldsymbol{z}$ 最优的设施位置是 2, 这意味着 $\sum_{i\in R^*}k_i > 0$. 类似于上面的分析, 我们可以得到将设施放置在 0 处的效用的下界为 $\sum_{i\in L^*}k_i$, 以及 OPT 的上界为 $2\sum_{i\in R^*}k_i + \sum_{i\in L^*}k_i$. 因此, 我们需要证明 $(1-p)\text{OPT} + p\sum_{i\in L^*}k_i \geqslant \frac{2}{3}\text{OPT}$, 所以只需验证

$$p\sum_{i\in L^*}k_i \geqslant \left(p-\frac{1}{3}\right)\left(2\sum_{i\in R^*}k_i + \sum_{i\in L^*}k_i\right)$$

将 p 分离出来可以得到 $p \leqslant \frac{1}{3} + \frac{1}{6}\cdot\frac{\sum\limits_{i\in L^*}k_i}{\sum\limits_{i\in R^*}k_i}$, 根据条件 (2), 这个不等式是成立的.

最后, 我们验证 $p = \max\left\{\frac{2}{3} - \frac{1}{6}\cdot\frac{\sum\limits_{i\in R^*}k_i}{\sum\limits_{i\in L^*}k_i}, 0\right\}$(其中如果 $\sum_{i\in L^*}k_i = 0$, 则 $p = 0$) 满足上述性质. 唯一需要证明的是 $p \leqslant \frac{1}{3} + \frac{1}{6}\cdot\frac{\sum\limits_{i\in L^*}k_i}{\sum\limits_{i\in R^*}k_i}$(假设 $\sum_{i\in R^*}k_i > 0$; 如果 $\sum_{i\in R^*}k_i = 0$, 则无须证明). 注意右边是正的, 所以只需证明当 $\sum_{i\in L^*}k_i > 0$ 时,

$$\frac{1}{3} + \frac{1}{6}\cdot\frac{\sum\limits_{i\in L^*}k_i}{\sum\limits_{i\in R^*}k_i} \geqslant \frac{2}{3} - \frac{1}{6}\cdot\frac{\sum\limits_{i\in R^*}k_i}{\sum\limits_{i\in L^*}k_i}$$

这等价于证明

$$\frac{\left(\sum\limits_{i\in L^*} k_i\right)^2+\left(\sum\limits_{i\in R^*} k_i\right)^2}{\left(\sum\limits_{i\in L^*} k_i\right)\left(\sum\limits_{i\in R^*} k_i\right)}\geqslant 2$$

并且注意到

$$\frac{\left(\sum\limits_{i\in L^*} k_i\right)^2+\left(\sum\limits_{i\in R^*} k_i\right)^2}{\left(\sum\limits_{i\in L^*} k_i\right)\left(\sum\limits_{i\in R^*} k_i\right)}=2+\frac{\left(\sum\limits_{i\in L^*} k_i\right)^2-\left(\sum\limits_{i\in R^*} k_i\right)^2}{\left(\sum\limits_{i\in L^*} k_i\right)\left(\sum\limits_{i\in R^*} k_i\right)}\geqslant 2$$

因此得证. □

同样, 上述随机机制推广了文献 [5] 中针对消费者单位置的厌恶型设施模型的随机机制.

Mei 等 [60] 也研究了线段 $[0,2]$ 上的消费者多位置时的厌恶型设施模型. 除了最大化社会效用的目标之外, 他们还研究了另一种目标函数, 最大化效用平方和:

$$\mathrm{SOS}(\boldsymbol{z},y)=\sum_{i=1}^{n}\sum_{j=1}^{k_i}|z_j^i-y|^2$$

他们证明了机制 4.4对于最大化效用平方和是 5-近似的, 并提出了一个 4-近似的随机策略对抗机制. 他们还给出了近似比下界的结果, 任何随机策略对抗机制对于最大化社会效用目标的近似比都不会好于 $\dfrac{10}{9}$, 对于最大化效用平方和目标的近似比都不会好于 1.33.

定理 4.9 对于消费者多位置的厌恶型设施模型, 机制 4.4是策略对抗的, 并且对最大化效用平方和目标有 5-近似性.

证明 假设给定配置 $\boldsymbol{z}$ 的最优设施位置是 2, 最优社会福利是 $\mathrm{SOS}(\boldsymbol{z},2)=\sum\limits_{i=1}^{n}\sum\limits_{j=1}^{k_i}|z_j^i-2|^2$, 而机制输出 0. 注意到任何消费者 $i\in L^*$ 都更喜欢 0, 我们有

$$\sum_{i\in L^*}\sum_{j=1}^{k_i}(z_j^i)^2\geqslant\sum_{i\in L^*}\sum_{j=1}^{k_i}(2-z_j^i)^2$$

从机制 4.4, 我们知道

$$\sum_{i\in L^*}\sum_{j=1}^{k_i}(z_j^i)^2+\sum_{i\in L^*}\sum_{j=1}^{k_i}(2-z_j^i)^2\geqslant 2|L^*|$$

那么我们有

$$\sum_{i\in L^*}\sum_{j=1}^{k_i}(z_j^i)^2\geqslant |L^*|$$

机制 4.4的社会福利是

$$\mathrm{SOS}(\boldsymbol{z},0)=\sum_{i\in L^*}\sum_{j=1}^{k_i}(z_j^i)^2+\sum_{i\in R^*}\sum_{j=1}^{k_i}(z_j^i)^2\geqslant\sum_{i\in L^*}\sum_{j=1}^{k_i}(z_j^i)^2\geqslant\sum_{i\in L^*}\sum_{j=1}^{k_i}(2-z_j^i)^2$$

它意味着 $\mathrm{SOS}(\boldsymbol{z},0)\geqslant\sum\limits_{i\in L^*}k_i$. 另外, 最优社会福利是

$$\mathrm{SOS}(\boldsymbol{z},2)=\sum_{i\in L^*}\sum_{j=1}^{k_i}(2-z_j^i)^2+\sum_{i\in R^*}\sum_{j=1}^{k_i}(2-z_j^i)^2$$

$$\leqslant 4\sum_{i\in L^*}k_i+\mathrm{SOS}(\boldsymbol{z},0)\leqslant 5\cdot\mathrm{SOS}(\boldsymbol{z},0)$$

这意味着机制的近似比最多是 5. □

考虑下面的随机机制.Mei 等 [60] 证明了它对社会效用和效用平方和的近似比分别是 2 和 4.

机制 4.5 给定位置组合 $\boldsymbol{z}$, 以概率 $\frac{\sum\limits_{i\in L^*}k_i}{\sum\limits_{i=1}^{n}k_i}$ 输出设施位置 0, 以概率 $\frac{\sum\limits_{i\in R^*}k_i}{\sum\limits_{i=1}^{n}k_i}$ 输出设施位置 2.

定理 4.10 对于消费者多位置的厌恶型设施模型, 机制 4.5是策略对抗的, 对社会效用和效用平方和的近似比分别是 2 和 4. 此外, 任何随机策略对抗机制对社会效用和效用平方和的近似比下界都分别是 $\frac{10}{9}$ 和 1.33.

4.2　其他的动机和操纵空间

在机制设计的相关工作中研究的另一种操纵类型是虚假名称操纵 (false-name manipulation, 简称假名操纵), 其中一个博弈参与人可以通过创建和使用假身份 (例如, 报告不同的电子邮箱地址或反复登录一项在线服务) 来多次报告信息. 一个对标准操纵和假名操纵都具有鲁棒性的机制被称为*假名对抗的* (false-name-proof), 这是一个简单的策略对抗性更强的概念. 在设施选址博弈机制设计中的假名操纵最早由 Todo 等 [14] 考虑, 他们提供了一个关于假名对抗机制在实数轴上单设施位置时的完全刻画, 并证明了无论是对于社会费用还是最大费用, 将设施放置在最左边消费者位置的机制达到了最好可能的近似比. Sonoda 等 [61] 研究了双设施的假名对抗机制, 并证明了在实线上的左右端点机制是最好可能的确定性假名对抗机制, 而随机机制可以拥有更好的近似比. Nehama 等 [62] 定义了一类图, 称为 ZV-线图, 并证明了存在一个一般的机制对于这些图是假名对抗和帕累托最优的. 其他在设施位置背景下研究这种类型操纵的工作可参考文献 [63] 和文献 [64].

受到策略性不足以保证小的近似比的设定的启发, Fotakis 和 Tzamos[65] 以及 Nissim 等 [66] 首先考虑了赢家强制机制, 这些机制能够通过限制消费者与结果的交互方式来惩罚可能撒谎的消费者, 例如, 要求消费者 “使用” 离他们报告位置更近的设施.Fotakis 和 Tzamos[65] 证明了文献 [38] 中的比例机制的一个赢家强制扩展是策略性的, 并且在实数线上的 k-设施选址博弈中达到了 $4k$-近似. 一般来说, 这条研究线属于带有验证的机制设计的范畴 (例如, 参考文献 [67]).

Babaioff 等 [68] 通过引入策略性中介研究了三阶段机制, 其中每个消费者恰好与一个中介相关联, 而中介的费用是他所代表的消费者的总费用. 在这种设定下, 消费者首先将他们的位置策略性地报告给中介, 然后中介将它们策略性地报告给机制.

4.3 不同的约束条件

除了在之前模型中研究的消费者不同偏好和动机因素外, 更多的现实场景也促使我们考虑对设施而不是消费者的额外约束, 这可能与它们的容量 (例如, 物理存储或服务时间) 或它们可能的位置有关. 我们下面强调主要的相关结果.

4.3.1 有限个候选设施位置

在经典模型中, 设施的位置可以是连续空间中的任意点. 然而, 在现实中, 设施的“允许”位置可能是有限个候选点, 例如, 公交车站需要位于主干道上, 已经建有大楼的地段或者公共绿地上不能再建造其他设施. Feldman 等 [15] 研究了以度量空间中的多赢家投票为背景的单设施选址模型, 该问题与度量空间中社会选择问题里的扭曲度 (distortion) 非常相关 [69]. 在其他结果中, 当空间为一条实线时, 针对社会费用目标, 他们提供了确定性的 3-近似机制, 该机制将设施放置在最接近中位点消费者位置的候选点, 还提供了随机的 2-近似机制以及匹配的下界. Tang 等 [16] 进一步考虑了最大成本目标和双设施的情况. Walsh [17] 考虑了一个相关的设定, 其中每个设施都可以被放置在一个关于可行子区间的集合中.

4.3.2 设施间有距离限制

Zou 和 Li [7] 对两个设施之间具有距离限制的情况进行了研究. 特别地, 他们考虑了两个设施的最大距离限制, 即两个设施之间的距离不能超过某个给定的阈值. 在这种设定中, 存在一个受欢迎的和一个不受欢迎的设施, 并且每个消费者的效用等于其与不受欢迎设施的距离减去到受欢迎设施的距离. 之后, Chen 等 [19] 通过对违反约束的情况施加线性的惩罚, 放宽了最大距离限制. Xu 等 [20] 研究了两个异构设施的最小距离限制, 即两个设施之间的距离不能低于某个给定的阈值, 其中消费者的费用是他到两个设施的距离之和. Xu 等 [21] 还研究了精确距离限制的情况, 即两个设施之间的距离精确为某个值.

4.3.3 设施带有容量限制

Aziz 等 [22] 发起了对带容量限制的设施选址博弈的研究, 即每个设施服务的消费者数量不超过给定的容量. 他们研究了一个在实线上具有容量限制的单设施选址问题, 提供了对策略对抗机制的完整刻画, 与 Moulin[39] 的著名刻画非常相似. 在后续工作中, Aziz 等 [23] 考虑了一个更一般的设定, 其中有 k 个设施, 每个设施的容量不一定不同. 他们针对双设施情形提出了一个扩展端点机制, 该机制实现了与文献 [22] 中证明的下界相匹配的紧的近似比.

第 5 章　双重角色设施选址博弈

本章考虑由 Chen 等[36] 提出的双重角色设施选址博弈. 第 5.1 节介绍问题背景和研究成果, 第 5.2 节给出数学模型, 第 5.3 节给出对真实机制的刻画, 第 5.4 节和 5.5 节分别考虑两种目标函数的真实机制设计.

5.1　问题背景和研究成果

大多数关于设施选址博弈的工作都是不带支付的, 并且政府可以在空间中的任意位置建造设施, 只有消费者是具有策略行为的参与人. 然而, 在现实生活中, 可以用来建造设施的位置通常是有限制的和事先给定的, 每个潜在的位置都有一个开设费用. 基于这方面考虑, Archer 和 Tardos[35] 研究了一类带支付的设施选址博弈, 其中只有位置拥有者是个体理性的参与人, 可以策略性地报告自己的开设费用, 而消费者是非策略性的, 他们的位置是公开信息.

本章研究一个融合了消费者和位置拥有者两种角色的设施选址博弈, 也就是说, 设施仅被允许开设在一些消费者的位置, 消费者就是位置拥有者. 在下文中, 我们将这种双重角色参与人简单地称为用户或者设施. 用户将自己的开设费用作为私人信息报告给政府, 而他们的位置是公开的. 一旦收到这些报告 (称为投标), 政府将使用一个机制来决定哪些位置将开设设施, 以及应当支付多少报酬给相应的用户. 如果用户被选中了开设设施, 则承担一个开设费用; 如果没被选中, 则承担一个服务费用. 用户都想要最大化自己的收益, 收益即他收到的报酬减去他承担的费用.

上述问题模拟了如下场景: 城市管理者 (政府) 想要建立公共设施, 比如图书馆或超市. 由于土地使用限制, 这些设施只能建立在社区当中. 如果建立设施, 则社区需要承担一个开设费用, 这个开设费用可能包含多种元素, 比如材料费、维修费和日常管理费等. 因此, 城市管理者无法准确地知道社区的开设费用, 而需要依赖于社区的汇报.

对于这个双重角色设施选址博弈, 我们的目标是为城市管理者设计机制, 使其满足一个或多个性质. 通常, 一个机制需要满足真实性, 也就是说, 用户报告自己真实的开设费用是他的占优策略. 机制需要对某个具体的目标函数具有良好的表现, 此外, 还需要满足个体理性, 即用户愿意参加这个博弈, 不会因为参加博弈而有所损失.

与本问题研究相关的工作包括但不限于以下内容.

(1) 无容量限制的设施选址问题 (UFLP). 在无容量限制的设施选址问题中, 给定一个设施集合和一个消费者集合, 选择一个设施子集进行开设, 并将消费者指派给开设的设施. 每个设施拥有一个开设费用, 而每个消费者承担着服务费用, 服务费用等于他与被指派到的设施之间的距离. 一个开设的设施可以服务任意多个消费者, 因此称为无容量限制的. 该问题的目标是最小化总共的开设费用和服务费用. 除非 P=NP, 否则对于 UFLP 问题没有 1.463 的近似比 [70,71]. Jain 等 [72] 给出了一个确定性的 1.61-近似算法 (JMS 算法). 只考虑确定性算法的话, Mahdian 等 [73] 给出了当前最优的 1.52-近似算法.

(2) 单参数问题.在一个机制设计问题中, 如果每个用户只持有一个私人数值, 则这个问题被称为是单参数的. 反向拍卖问题是最经典的一个单参数问题, 其中每个用户若赢得拍卖则有一个私人的标量数值, 若输了则数值为 0. Myerson[74] 首先给出了对于反向拍卖问题中真实机制的刻画. Archer 和 Tardos[35] 将其结果推广到了更加宽泛的问题设定中, 其中每个用户的费用等于其私人数值乘以他被指派的负载. 在相似设定中对于真实机制的刻画可以参考文献 [75]~ [77]. 双重角色设施选址博弈也属于单参数问题, 但是与上述提到的单参数问题有很大不同.

(3) VCG 机制. Vickrey-Clarke-Groves(VCG) 机制是机制设计领域最为出色

的结果之一 [1-3], 它对于功利性的社会目标函数是最优的以及真实的. 另外, VCG 类型的机制被证明了是唯一能够最大化社会福利的真实机制 [77-79]. 然而在应用 VCG 机制时, 一个主要的困难在于其时间复杂度, 因为寻找对应优化问题的最优解通常是 NP-难的.

(4) 对总支付的预算限制.如果机制支付的总报酬不超过给定的预算, 则称该机制是预算可行的. Singer [80] 首先研究了预算可行机制设计问题, 并针对最大化单调次模目标函数提出了常数近似的真实机制. 此后, Chen 等 [81] 通过一个贪婪方案改进了近似比.

本章将报酬支付的概念引入设施选址问题中, 尽管之前大多数工作都是与支付无关的. 对于双重角色设施选址博弈, 本章给出了真实机制的刻画, 考虑了社会费用和最大费用两种系统目标函数, 设计了最优和常数近似机制. 此外, 当总支付有预算限制时, 本章提供了预算可行真实机制的一个近似比下界 $\Omega(n)$, 其中 n 是用户的数量. 上述工作的贡献基于两个方面. 其一是对于设施选址博弈, 提供双重角色下的带支付博弈的首个非平凡结果, 这些结果可以拓展到其他带支付的设施选址博弈中. 其二是对于单参数问题, 首次研究如下单参数问题的类型: 当用户是输家时, 依然需要承担一定的费用.

本章的研究成果和组织架构如下. 在第 5.2节中, 正式提出双重角色设施选址博弈的模型. 这是在设施选址博弈的研究中首次融合策略性消费者和策略性设施, 其中政府只能在消费者的位置处开设设施. 消费者和设施被结合到一起, 共同组成了一个用户 (玩家). 该模型针对拓展设施选址问题提供了新的视角. 在第 5.3节中, 提供了对真实机制的刻画. 在第 5.4 节和 5.5节中, 分别考虑了对于最小化社会费用和最大费用两种目标的真实机制设计. 对于社会费用目标, 第 5.4 节提出了指数时间的最优真实机制. 基于对 UFLP 的 1.61-近似的 JMS 算法 [72], 我们针对双重角色设施选址博弈提供了多项式时间 1.61-近似的真实机制. 对于最大费用目标, 第 5.5 节提出了多项式时间最优真实机制.

5.2 模　　型

设 $N=\{1,2,\cdots,n\}$ 为用户的集合, 其中每个用户都具有消费者和设施的双重角色. 下文将不区分地指代“用户”和“设施”. 用户位于一个度量空间 (Ω,d) 中, 其中 $d:\Omega\times\Omega\to\mathbb{R}_+$ 是 Ω 上的度量. 用户 $i\in N$ 在空间中的位置用 $l_i\in\Omega$ 表示, 其开设费用为 f_i. 令 $d(i,j):=d(l_i,l_j)$ 表示用户 $i,j\in N$ 之间的距离. 用户的位置组合和开设费用组合分别记作 $\boldsymbol{l}=(l_1,l_2,\cdots,l_n)$ 和 $\boldsymbol{f}=(f_1,f_2,\cdots,f_n)$.

用户的开设费用是其私人信息, 而其位置和两两之间的距离都是公开的. 每个用户 i 策略性地将自己的开设费用 f_i 报告为 b_i. 一个机制收到用户的报价 $(b_1,\cdots,b_n)$ 后, 输出一个用户子集 $W\subseteq N$(该子集中的用户称为*赢家*), 并在其位置上开设设施. 另外, 机制还会对每个用户 $i\in N$ 输出一个报酬 p_i, 即政府需要向用户 i 支付报酬 p_i. 正式而言, 一个机制 $\mathcal{M}=(s,p)$ 由一个选择函数 $s:\mathbb{R}_+^n\to\mathbb{R}_+^n$ 组成, 其中选择函数将报价 $\boldsymbol{b}=(b_1,\cdots,b_n)$ 映射为赢家集合 $s(\boldsymbol{b})=W$, 支付函数将报价映射为一个支付向量 $p(\boldsymbol{b})=(p_1,p_2,\cdots,p_n)$. 如果两个函数都是多项式时间可计算的, 则称该机制为多项式时间机制.

给定赢家集合 $W\subseteq N$, 每个用户 $i\in N$ 承担的*费用*为 $c_i(W)=I_W(i)\cdot f_i+d(i,W)$, 其中指示变量 $I_W(i)$ 在 $i\in W$ 时为 1, 否则为 $0.d(i,W)=\min\limits_{j\in W}d(i,j)$ 是用户 i 和赢家集合之间的最短距离. 此外, 设 $d(i,\varnothing):=Q$, 其中 Q 是一个充分大的常数.[①]每个用户 i 都想要最大化自己的*收益*: $p_i-c_i(W)$, 其中 p_i 是他收到的报酬. 称一个确定性机制 $\mathcal{M}$ 是*真实的*, 如果对于每个用户而言如实报告是他的最优策略. 也就是说, 对于每个用户 $i\in N$(其报价为 b_i) 和任意其他人的报价组合 $\boldsymbol{b}_{-i}$, $p_i-c_i(W)\geqslant p_i'-c_i(W')$ 成立, 其中 $(W,\boldsymbol{p})$ 和 $(W',\boldsymbol{p}')$ 是机制 $\mathcal{M}$ 分别对于报价组合 $(f_i,\boldsymbol{b}_{-i})$ 和 $(b_i,\boldsymbol{b}_{-i})$ 的输出. 称一个随机机制是*普遍真实的*, 如果它是若干个确定性真实机制的概率分布.

考虑某个系统目标函数 $C:2^N\to\mathbb{R}_+$, 其依赖于开设费用组合 $\boldsymbol{f}$ 和用户位

① 注意到每个赢家 $i\in W$ 仅承担设施开设费用 f_i, 而每个输家 $j\notin W$ 仅承担服务费用 $d(j,W)$. 我们用“赢家”和“输家”来区分用户是否被选中来建造设施. 赢家并不一定比输家拥有更少的费用.

置组合 $\boldsymbol{l}$. 机制试图最小化 $C(W)$, 尽管它并不知道 $\boldsymbol{f}$ 的真实值, 而仅根据报价组合 $\boldsymbol{b}$ 和其他公共信息做出决定. 称一个机制拥有近似比 $\alpha(\geqslant 1)$, 如果对于任意双重角色设施选址博弈的实例 $(\Omega, d, \boldsymbol{l}, \boldsymbol{f})$, 机制总是输出一个赢家集合 W 使得 $C(W) \leqslant \alpha \cdot \min_Y C(Y)$, 其中最小值取自所有可行的用户子集 $Y \subseteq N$. 我们想要设计多项式时间的真实机制, 使得它精确地或近似地最小化目标函数 C. 与往常一样, 假设机制必须是标准化的, 即若 $i \notin W$ 则 $p_i = 0$; 是满足个体理性的, 即没有用户会因为参加了博弈而损失收益.

本章将考虑两个目标函数. 对于任意的 $W \subseteq N$, 定义社会费用和最大费用分别为

$$C_S(W) = \sum_{i \in N} c_i(W) = \sum_{i \in N} d(i, W) + \sum_{i \in W} f_i$$

和

$$C_B(W) = \max_{i \in N} c_i(W) = \max_{i \in N}(I_W(i) \cdot f_i + d(i, W))$$

机制设计中的另一个重要性质——无正向交易 (即 $p_i \geqslant 0$) 并不适用于本问题, 因为当用户潜在的服务费用大于开设费用时, 它可能会反而向政府支付一定的报酬, 请求在他的位置开设设施. 因此, 在本问题中反向交易是情有可原的.

5.3 真实机制的刻画

接下来我们刻画对于双重角色设施选址博弈的真实机制. 正如之前提到的那样, 这个机制设计问题属于单参数问题, 因为单参数 f_i 直接决定了费用函数 c_i. 单参数问题在反向拍卖的设定中已被广泛学习和研究, 其中每个用户 i 都拥有私人数值 $\bar{f}_i$, 若他是赢家, 则承担费用 $\bar{f}_i$, 否则承担费用 0.

对于反向拍卖, Myerson[74] 有一个广为人知的对于真实机制的刻画: 一个标准化的机制是真实的, 当且仅当选择函数 s 是单调的 (也就是说, 一个赢家在降低了自己的报价之后依旧是赢家), 且支付给每个赢家的报酬等于他赢得博弈的阈值报价. 然而, 我们的双重角色设施选址博弈与之不同, 因为每个输家同样需要承担

一定的费用, 其等于与最近赢家的距离. 在刻画真实机制之前, 先给出一些必要的定义.

定义 5.1　一个选择函数 s 是单调的, 如果对于任一用户 $i \in N$ 和使得 i 成为赢家的报价向量 $(b_i, \boldsymbol{b}_{-i})$, 对于任意 $b_i' < b_i$, 都有 $i \in s(b_i', \boldsymbol{b}_{-i})$. 也就是说, 如果用户 i 以报价 b_i 赢了, 则他以任意更低的报价 $b_i' < b_i$ 依然可以赢.

定义 5.2　对于一个单调的选择函数 s, 给定除 i 外其他用户的报价组合 $\boldsymbol{b}_{-i}$, 用户 i 的阈值定义为 $r_i(\boldsymbol{b}_{-i}) = \inf\limits_{i \notin s(b_i, \boldsymbol{b}_{-i})} b_i$, 即使用户 i 成为输家的最小报价. 如果 $\{b_i | i \notin s(b_i, \boldsymbol{b}_i)\}$ 是空集, 则用户 i 在 $\boldsymbol{b}_{-i}$ 下的阈值没有定义.

不失一般性地假设上述阈值定义的下确界满足

$$\inf_{i \notin s(b_i, \boldsymbol{b}_{-i})} b_i = \min_{i \notin s(b_i, \boldsymbol{b}_{-i})} b_i$$

下面关于支付的引理对于刻画真实机制很有帮助.

引理 5.1　对于任一用户 i 和任意固定的报价组合 $\boldsymbol{b}_{-i}$, 如果 i 是赢家, 则任何真实机制都必须支付相同的报酬给用户 i.

证明　设 i 在报价组合 $(b_i, \boldsymbol{b}_{-i})$ 和 $(b_i', \boldsymbol{b}_{-i})$ 下都是赢家, 得到的报酬分别是 p_i 和 p_i'. 对于实例 $p_i - b_i \geqslant p_i' - b_i$, 机制的真实性保证了 $p_i - b_i \geqslant p_i' - b_i$; 而对于实例 $f_i = b_i'$, 机制的真实性保证了 $p_i' - b_i' \geqslant p_i - b_i'$. 因此, $p_i = p_i'$, 得证. □

当用户 i 的报价至少是其阈值时, 令 $\mathcal{S}_i(\boldsymbol{b}_{-i}) = \{s(b_i, \boldsymbol{b}_{-i}) | b_i \geqslant r_i(\boldsymbol{b}_{-i})\}$ 表示所有可能的赢家集合. 现在我们已经准备好刻画真实机制了.

定理 5.1　一个标准化的机制 $\mathcal{M} = (s, p)$ 是真实的, 当且仅当以下三个条件同时成立:

(1) 选择函数 s 是单调的;

(2) 对于任意用户 $i \in N$ 和赢家集合 $S, S' \in \mathcal{S}_i(\boldsymbol{b}_{-i})$, 都有 $d(i, S) = d(i, S')$;

(3) 每个赢家被支付的报酬等于它的阈值减去它与报价高于阈值时任意赢家集合的距离, 具体地说, 对于每个用户 $i \in N$ 和其他人的报价组合 $\boldsymbol{b}_{-i}$, 如果 i 的阈值无定义, 则 i 被支付一个与报价无关的常数, 否则, 对于每个满足 $i \in s(b_i, \boldsymbol{b}_{-i})$

的报价 b_i, i 被支付的报酬都为

$$p_i(b_i, \boldsymbol{b}_{-i}) = r_i(\boldsymbol{b}_{-i}) - d(i, S) \tag{5.1}$$

其中 $d(i,S)$ 是一个关于所有 $S \in \mathcal{S}_i(\boldsymbol{b}_{-i})$ 的不变量.

证明 首先证充分性. 给定报价组合 $\boldsymbol{b}_{-i}$, 如果 i 的阈值无定义, 则 i 永远是赢家, 并有一个常数的收益. 因此假设阈值 $r_i(\boldsymbol{b}_{-i})$ 有定义, 若 $f_i \geqslant r_i(\boldsymbol{b}_{-i})$, 则有 $i \notin s(f_i, \boldsymbol{b}_{-i})$, 否则 $i \in s(f_i, \boldsymbol{b}_{-i})$. 为了证明机制的真实性, 我们将证明在任何情况下, 用户 i 报价 f_i 不会坏于报价任意 b_i. 令 W 和 W' 分别表示赢家集合 $s(f_i, \boldsymbol{b}_{-i})$ 和 $s(b_i, \boldsymbol{b}_{-i})$.

在 $f_i \geqslant r_i(\boldsymbol{b}_{-i})$ 的情形下, 我们有 $W \in \mathcal{S}_i(\boldsymbol{b}_{-i})$, 用户 i 只可能通过报价 $b_i < r_i(\boldsymbol{b}_i)$, 此时他成为赢家, 并且得到收益 $p_i(b_i, \boldsymbol{b}_{-i}) - c_i(W') = (r_i(\boldsymbol{b}_{-i}) - d(i, W)) - f_i \leqslant -d(i, W)$. 因此, 他没有动机说谎.

在 $f_i < r_i(\boldsymbol{b}_{-i})$ 的情形下, 用户 i 说真话时的收益为 $p_i(f_i, \boldsymbol{b}_{-i}) - c_i(W) = r_i(\boldsymbol{b}_{-i}) - d(i, S) - f_i > -d(i, S)$, 其中 $S \in \mathcal{S}_i(\boldsymbol{b}_{-i})$. 要想改变收益, 用户 i 只能通过报价 $b_i \geqslant r_i(\boldsymbol{b}_{-i})$, 此时有 $W' \in \mathcal{S}_i(\boldsymbol{b}_{-i})$, 且由条件 (2) 可知, i 的收益变为 $0 - c_i(W') = -d(i, W') = -d(i, S)$. 因此, 他也没有动机说谎.

然后证必要性. 条件 (1): 假设选择函数 s 不是单调的. 那么, 存在用户 $i \in N$ 以及报价 b_i、b_i' 和 $\boldsymbol{b}_{-i}(b_i' < b_i)$ 使得用户 $i \in s(b_i, \boldsymbol{b}_{-i})$ 在报价 b_i 时是赢家, 得到报酬 p_i, 而用户 $i \notin W' := s(b_i', \boldsymbol{b}_{-i})$ 在报价 b_i' 时是输家, 得到 0 报酬. 对于实例 $f_i = b_i$, 机制 $\mathcal{M}$ 的真实性保证了 $p_i - b_i \geqslant -d(i, W')$, 而对于实例 $f_i = b_i'$, 我们有 $-d(i, W') \geqslant p_i - b_i'$. 这与 $b_i' < b_i$ 矛盾.

条件 (2): 对任意赢家集合 $S = s(b_i, \boldsymbol{b}_{-i})$ 和 $S' = s(b_i', \boldsymbol{b}_{-i}) \in \mathcal{S}_i(\boldsymbol{b}_{-i})$, 分别考虑实例 $f_i = b_i$ 和 $f_i = b_i'$, 机制 $\mathcal{M}$ 的真实性保证了 $d(i, S) = d(i, S')$.

条件 (3): 假设用户 $i \in s(b_i, \boldsymbol{b}_{-i})$ 是赢家. 如果用户 i 关于 $\boldsymbol{b}_{-i}$ 的阈值没有定义, 则由真实性直接可知, $p_i(b_i', \boldsymbol{b}_{-i})$ 对于所有的 b_i' 都是一个常数. 因而我们假设阈值 $r_i(\boldsymbol{b}_{-i})$ 有定义, 且 $b_i < r_i(\boldsymbol{b}_{-i})$. 使用反证法, 假设对于某个 $S \in$

$\mathcal{S}_i(\boldsymbol{b}_{-i})$, $p_i(b_i, \boldsymbol{b}_{-i}) \neq r_i(\boldsymbol{b}_{-i}) - d(i,S)$ 成立. 一方面, 如果 $p_i(b_i, \boldsymbol{b}_{-i}) > r_i(\boldsymbol{b}_{-i}) - d(i,S)$, 则对于一个开设费用 f_i 满足 $p_i(b_i, \boldsymbol{b}_{-i}) > f_i - d(i,S) > r_i(\boldsymbol{b}_{-i}) - d(i,S)$ 的实例, 因为 $f_i > r_i(\boldsymbol{b}_{-i})$ 和条件 (2) 成立, 所以用户 i 在说真话时的收益为 $-d(i,S)$, 这低于他在报价 b_i 时的收益 $p_i(b_i, \boldsymbol{b}_{-i}) - f_i$, 与真实性矛盾. 另一方面, 如果 $p_i(b_i, \boldsymbol{b}_{-i}) < r_i(\boldsymbol{b}_{-i}) - d(i,S)$, 则对于一个开设费用 f_i 满足 $p_i(b_i, \boldsymbol{b}_{-i}) < f_i - d(i,S) < r_i(\boldsymbol{b}_{-i}) - d(i,S)$ 的实例, 由于 $f_i < r_i(\boldsymbol{b}_{-i})$, 且条件 (1) 和引理 5.1成立, 所以我们有 $p_i(f_i, \boldsymbol{b}_{-i}) = p_i(b_i, \boldsymbol{b}_{-i})$. 由此可知用户 i 在说真话时的收益为 $p_i(b_i, \boldsymbol{b}_{-i}) - f_i$. 然而, 如果报价至少为 $r_i(\boldsymbol{b}_{-i})$, 则 i 的收益为 $-d(i,S) > p_i(b_i, \boldsymbol{b}_{-i}) - f_i$, 与真实性矛盾. 因此, 报酬只能是 $p_i(b_i, \boldsymbol{b}_{-i}) = r_i(\boldsymbol{b}_{-i}) - d(i,S)$. □

我们对于真实机制的刻画与 Myerson 在文献 [74] 中的刻画有两点不同. 其一是我们的刻画有额外的条件 (2), 它需要每个输家用户都不改变自己到赢家集合的距离. 其二是在支付函数中有额外的项 $-d(i,S)$, 报酬不再简单地等于阈值.

5.4　社会费用目标下的机制设计

由定理 5.1的刻画可知, 一个选择函数 (算法) 可以被拓展为一个真实机制, 当且仅当它是单调的并且任意输家都能通过增加自己的报价来改变其服务费用. 这个唯一的拓展方式按照条件 (3) 来支付报酬.

在本节中, 我们考虑最小化社会费用的目标函数, 并根据刻画来设计真实机制. 首先考虑一个优化问题, 其中 n 个双重角色的用户位于度量空间中, 有公共的位置和开设费用, 想要选择一个赢家集合来建造设施, 使得总费用 (开设费用和服务费用之和) 最小. 这个问题是 UFLP 的一个特例, 其拥有相同的用户集和设施集. 然后, 对于我们的博弈问题, 设计真实机制的挑战性在于找到 UFLP 的精确或近似算法, 并且需要满足定理 5.1中的条件 (1) 和 (2). 由于 UFLP 是一个 NP-难问题, 所以我们无法期望找到多项式时间的精确机制. 在下文中, 我们将不加区分地使用“选择函数”和“算法”.

首先考虑最优真实机制的存在性, 其能精确地最小化社会费用, 而不考虑其时间复杂度. 显然 UFLP 的每一个精确算法都是单调的, 但却不一定满足条件 (2): 假设一个 UFLP 问题实例有两个不同的最优解 W 和 W', 二者都不包含用户 i, 并且用户 i 与 W 和 W' 的距离 $d(i,W)$ 和 $d(i,W')$ 是不同的. 然而, 一个精确算法在收到用户 i 不同的报价时, 可能会输出 W 或 W', 这样就违反了条件 (2). 为了避免这种情况发生, 我们采用一个平凡的精确算法: 遍历所有可行解, 将其中所有的最优解按照一个固定的 (与报价无关的) 方式一一编号, 输出标号最小的最优解. 将这个平凡的精确算法记为 s, 容易验证其满足条件 (2), 并且

$$|\{\mathcal{S}_i(\boldsymbol{b}_{-i})\}| = 1, \quad \text{对于所有 } i \text{ 和 } \boldsymbol{b}_{-i} \tag{5.2}$$

更加一般地, 令 s 表示一个 UFLP 问题的精确算法, 且对于任意 i 和报价组合 $\boldsymbol{b}_{-i}$, $\mathcal{S}_i(\boldsymbol{b}_{-i})$ 都有唯一的元素 S_i. 注意到 $i \notin S_i$. 考虑下面的机制 $\mathcal{M} = (s,p)$.

机制 5.1 机制 $\mathcal{M} = (s,p)$ 定义为: 给定报价组合 $\boldsymbol{b} = (b_1, b_2, \cdots, b_n)$,

(1) 赢家集合为 $W = s(\boldsymbol{b})$;

(2) 对每个用户 i, 报酬 $p_i(\boldsymbol{b})$ 为

$$\left(\sum_{j\in N\setminus\{i\}} d(j,S_i) + \sum_{j\in S_i} b_j\right) - \left(\sum_{j\in N\setminus\{i\}} d(j,W) + \sum_{j\in W\setminus\{i\}} b_j\right)$$

定理 5.2 机制 5.1 是标准化的、真实的、个体理性的, 并且对于社会费用目标是最优的.

证明 对于用户 $i \notin W = s(\boldsymbol{b})$, 注意到 $W = S_i$. 由机制 5.1的 (2) 可知 $p_i(\boldsymbol{b}) = 0$, 因此是标准化的.

要验证机制的真实性, 由定理 5.1可知, 只需证明等式 (5.1) 成立. 实际上, 对于每个赢家 $i \in W = s(\boldsymbol{b})$, 我们有 $d(i,W) = 0$ 和 $r_i(\boldsymbol{b}_{-i}) - d(i,S_i) = (\sum\limits_{j\in N} d(j,S_i) + \sum\limits_{j\in S_i} b_j) - (\sum\limits_{j\in N} d(j,W) + \sum\limits_{j\in W\setminus\{i\}} b_j) - d(i,S_i) = p_i(\boldsymbol{b})$.

输家的个体理性是显然的, 因为其始终承担一个服务费用, 而不参加博弈则不会降低自己的服务费用. 对于赢家 $i \in s(\boldsymbol{b})$, 他的收益等于 $p_i(\boldsymbol{b}) - b_i = r_i(\boldsymbol{b}_{-i}) - d(i,S_i) - b_i \geqslant -d(i,S_i)$, 其中 $r_i(\boldsymbol{b}_{-i}) \geqslant b_i$ 可由选择函数 s 的单调性推知. 如果

不参加博弈, 则承担服务费用 $d(i,S_i)$, 他的收益 $-d(i,S_i)$ 不超过其参加博弈时的收益.

选择函数 s 是 UFLP 问题的精确算法, 当所有用户真实地报告信息时, 它最小化了社会费用. 因此, 机制对于目标函数是最优的. □

接下来说明机制 5.1实际上属于 VCG 机制类. 给定用户 $i \in N$ 的费用函数 $\tilde{c}_i$, 一个 (不一定标准化的)VCG 机制由一个最小化社会费用 $\sum\limits_{i\in N} \tilde{c}_i(\tilde{s}(\tilde{c}_1,\cdots,\tilde{c}_n))$ 的选择函数 $\tilde{s}(\tilde{c}_1,\cdots,\tilde{c}_n)$ 和一个支付函数 $\tilde{p}_i(\tilde{c}_1,\cdots,\tilde{c}_n) = h_i(\tilde{c}_1,\cdots,\tilde{c}_{i-1},\tilde{c}_{i+1},\cdots,\tilde{c}_n) - \sum\limits_{j\neq i} \tilde{c}_j(\tilde{s}(\tilde{c}_1,\cdots,\tilde{c}_n))$ 组成, 其中 h_i 是一个独立于 $\tilde{c}_i$ 的实值函数. 对于双重角色设施选址博弈考虑机制 5.1, 考虑将 $\tilde{c}_i(W) := I_W(i)\cdot b_i + d(i,W)$ 和 $\tilde{s}(\tilde{c}_1,\cdots,\tilde{c}_n) = s(\boldsymbol{b})$ 作为特殊情况. 对于用户 i, 注意到机制 5.1中定义的 S_i 不包含 i, 并且不依赖于 b_i 和 $\tilde{c}_i$. 因此, 可以有效地取值:

$$h_i(\tilde{c}_1,\cdots,\tilde{c}_{i-1},\tilde{c}_{i+1},\cdots,\tilde{c}_n) := \sum_{j\in N\setminus\{i\}} \tilde{c}_j(S_i) + \sum_{j\in N\setminus\{i\}} d(i,S_i) + \sum_{j\in S_i} b_j$$

容易看出,

$$\sum_{j\in N\setminus\{i\}} \tilde{c}_j(W) = \sum_{j\in N\setminus\{i\}} d(i,W) + \sum_{j\in W\setminus\{i\}} b_j$$

因而有

$$h_i(\tilde{c}_1,\cdots,\tilde{c}_{i-1},\tilde{c}_{i+1},\cdots,\tilde{c}_n) - \sum_{j\in N\setminus\{i\}} \tilde{c}_j(W) = p_i(\boldsymbol{b})$$

由此可见, 在机制 5.1的 (2) 中定义的支付函数属于 VCG 类. 因此, 机制 5.1是一种 VCG 机制.

通常 VCG 机制有很多种, 找到其中满足标准化的和个体理性的则需要更多的技巧, 尤其当机制还需满足定理 5.1的条件 (2) 时. 其中主要的挑战在于选择 h_i 来产生一个标准化的机制. 在 VCG 机制中使用最多的 h_i 采用 Clarke-Pivot 规则 [77]:$h_i(\tilde{c}_1,\cdots,\tilde{c}_{i-1},\tilde{c}_{i+1},\cdots,\tilde{c}_n) = \min\limits_{S\subseteq N\setminus\{i\}} \sum\limits_{j\in N\setminus\{i\}} \tilde{c}_j(S)$.

计算报酬的时间复杂度完全依赖于选择函数. 之前提到的暴力搜索的方式一般需要指数时间, 因此在实际中是无法容忍的. 实际上, 我们不应该期望在多项式时间内找到最优解, 因为 UFLP 问题在一般的度量空间中是 NP-难的. 另外, UFLP 在一些特殊情形下允许更积极的结果. 比如, 实线是在设施选址问题中广泛研究的一种度量空间, 因为它可以模拟城市中的一条街道. 当所有的用户都位于树上且距离由路的长度确定时, Shah 和 Farach-Colton[82] 提供了一个 $O(n^2)$ 时间的动态规划算法, 可以找到 UFLP 的最优解. 可以验证, 这个算法满足定理 5.1的条件 (2), 因此我们可以将其拓展为机制.

推论 5.1 对于在树空间上的双重角色设施选址博弈, 存在多项式时间的真实机制, 它对社会费用目标函数是最优的.

在一般的度量空间中, 最优机制的指数允许时间是不可接受的. 因此我们转为关注近似最优的真实机制, 它们在多项式时间内近似地最优化目标函数. 回顾定理 5.1, 一个算法可以被拓展为真实机制, 当且仅当它满足该定理中的条件 (1) 和 (2).

我们关注真实的代价, 即在多项式时间内最优近似算法和最优近似机制的近似比的差值 (或称为间隙). 在其他博弈问题中, 这个代价可以非常大, 也可以非常小, 完全依赖于不同的问题设定. 我们将要拓展 UFLP 问题的 1.61-近似算法 (即 JMS 算法 [72]) 为双重角色设施选址博弈的真实机制.

下面介绍 JMS 算法 [72].

阶段 1 初始时, 所有用户 (设施) 都是未连接的 (未开设的). 对于每个用户 j, 设 $\alpha_j = 0$. 在每一个时刻, 每个用户 j 都提供一些钱给每个未开设的设施 i. 如果 j 是未连接的, 则提供的量等于 $\max\{\alpha_j - d(i,j), 0\}$; 如果 j 已经连接到了某个已开设的设施 i', 则提供的量为 $\max\{d(i',j) - d(i,j), 0\}$.

阶段 2 当存在未连接的用户时, 以相同的速率增加每个未连接用户 j 的参数 α_j, 直到下面两个事件之一发生.

(1) 对于某个未开设的设施 i, 他收到的钱的总和等于他的开设费用 f_i. 在这种情况下, 我们开设设施 i, 并将每个给 i 提供过非零报酬的用户 j 都连接到设施 i.

(2) 对于某个连接的用户 j 和某个已开设的设施 i, 有 $\alpha_j = d(i,j)$. 在这种情况下, 我们将 j 连接到 i.

注意到 **JMS** 算法的运行时间为 $O(n^3)$, 对应的阈值同样是多项式时间可计算的. 我们有以下结果.

定理 5.3　JMS 算法可被拓展为一个对社会费用目标函数 1.61-近似的多项式时间真实机制.

证明　将 JMS 算法作为机制的选择函数 s. 容易看出 s 是单调的, 即满足定理 5.1的条件 (1). 为了证明机制的真实性, 我们只需证明 s 满足式 (5.2), 从而满足定理 5.1的条件 (2).

假设用户 i 报价 $b_i \geqslant r_i(\boldsymbol{b}_{-i})$, 则设施将不会在 i 处开设. 在这个算法中, 增加参数 α_j 的过程将会停止在时间 t, 并且在 i 收到的总报酬达到 $r_i(\boldsymbol{b}_{-i})$ 之前, 所有的用户和设施之间的连接在 t 时间已全部确定. 注意到 t 对于所有的 $b_i \geqslant r_i(\boldsymbol{b}_{-i})$ 都有相同的取值, 这意味着 $|\mathcal{S}_i(\boldsymbol{b}_{-i})| = 1$. □

已知当前最好的 UFLP 问题的近似算法具有 1.52 的近似比 [73]. 然而, 该算法无法被拓展为一个双重角色设施选址博弈的真实机制, 因为它不满足定理 5.1的条件 (2). 它利用了费用放缩技巧, 且输出的解对于放缩的开设费用十分敏感. 所以双重角色设施选址博弈的真实代价是 1.61−1.52=0.09. 实际上这是一个非常小的值.

5.5　最大费用目标下的机制设计

本节将考虑最小化最大费用的目标函数 $C_B(W) = \max\limits_{i\in N} c_i(W)$, 并设计真实机制. 这个目标函数部分意味着在一个受欢迎的解中, 既不会有很大的开设费用, 也不会有很大的服务费用. 注意到定理 5.1中对于真实机制的刻画是与目标函数无关的, 因此我们依然使用该刻画. 最大费用与社会费用的不同点在于, 我们可以在多项式时间内精确求解其对应的优化问题, 这与 UFLP 问题的 NP-难性质截然相反. 以下机制 $\mathcal{M} = (s, p)$ 由精确算法和对应的支付函数组成. 这个算法根据用户的报价, 以非降的顺序一个一个地将用户添加到赢家集中, 直到这个添加操作增加当前的最大费用.

机制 5.2 将所有报价按非降顺序排列: $b_1 \leqslant b_2 \leqslant \cdots \leqslant b_n$, 若有必要可以重新命名. 设 $i := 1, W := \{1\}$.

(1) 当满足条件 $b_{i+1} \geqslant \max\{\max_{j\in N} d(j,W), b_i)\}$时, $W := W \bigcup\{i+1\}; i := i+1$, 赢家集合 $s(\boldsymbol{b})$ 是 $W^* := W$.

(2) 对于每个赢家 $i \in W$, 令 r_i^* 为下列数学规划的最优值:

$$\min r$$

$$\text{s.t.} \max_{j\in N} d(j, S_r) \leqslant r$$

其中 $S_r = \{j|b_j \geqslant r, j \in N \setminus \{i\}\}$. 赢家 i 收到的报酬是 $p_i(\boldsymbol{b}) := r_i^* - d(i, S_{r_i^*})$. 对于每个输家 $i \notin W$, 报酬为 0.

下列引理表明了机制 5.2中选择函数 (算法) 的最优性.

引理 5.2 对于任何报价组合 $\boldsymbol{b}$, 机制 5.2中的选择函数 s 都输出一个最优的赢家集合 $W^* \in \arg\min_{W\subseteq N} \max_{i\in N}\{I_W(i)\cdot b_i + d(i,W)\}$.

证明 因为报价的序列是非降的, 所以可以将输出的赢家集合表示为 $W^* = \{1,\cdots,i\}$. 对于每个用户子集 $S \subseteq N$, 定义 $\tilde{C}_B(S) := \max_{i\in N}\{I_S(i)\cdot b_i + d(i,S)\}$. 利用反证法, 假设 $S(\subseteq N)$ 有一个比 W^* 更低的最大费用 $\tilde{C}_B(S) < \tilde{C}_B(W^*)$. 注意到 $b_i \leqslant \tilde{C}_B(W^*) < b_{i+1}$, 这迫使 $S \subseteq W^*$. 由 $\tilde{C}_B(W^*) > \tilde{C}_B(S) \geqslant \max_{j\in N} d(j,W^*)$ 可知, 必有 $\tilde{C}_B(W^*) = b_i > \max_{j\in N} d(j,\{1,\cdots,i\})$.

算法的每一次迭代都添加了一个用户到 W 中, 并保持着 $\tilde{C}_B(W)$ 和 $\max_{j\in N} d(j,W)$ 都是非增的. 如果 $b_1 > \max_{j\in N} d(j,\{1\})$, 则 $\tilde{C}_B(W^*) = b_1 \geqslant \tilde{C}_B(S)$, 导出了矛盾. 于是我们取最大的 $h(\leqslant i)$ 使得 $\max_{j\in N} d(j,\{1,\cdots,h\}) \geqslant b_h$. 这与 $b_i > \max_{j\in N} d(j,\{1,\cdots,i\})$ 相结合, 导出了 $b_{h+1} > \max_{j\in N} d(j,\{1,\cdots,h+1\})$ 和 $b_h \leqslant b_{h+1} = \cdots = b_i \leqslant \max_{j\in N} d(j,\{1,\cdots,h\})$, 因为迭代在 i 步终止. 我们有 $S \subseteq \{1,\cdots,h\}$ 和 $\tilde{C}_B(S) \geqslant \max_{j\in N} d(j,\{1,\cdots,h\}) \geqslant b_i$, 与 $\tilde{C}_B(S) < b_i$ 矛盾. □

引理 5.3 赢家 $i \in s(\boldsymbol{b})$ 的阈值是 r_i^*.

证明　我们讨论两种情况: 用户 i 的报价 r 在 r_i^* 之上或之下.

当 $r < r_i^*$ 时, $r < \max\limits_{j \in N} d(j, S_r)$, 无法成为数学规划的可行解. 给定报价组合 $(r, \boldsymbol{b}_{-i})$, 对任意满足 $b_k \leqslant r$ 的用户 k, 我们有 $b_k \leqslant r < \max\limits_{j \in N} d(j, S_r) \leqslant \max\limits_{j \in N} d(j, S_{b_k})$. 由选择函数 s 可知, 用户 i 一定被添加到赢家集合 $s(r, \boldsymbol{b}_{-i})$ 中.

当 $r > r_i^*$ 时, 数学规划的最优目标函数值 r_i^* 实际上是不包含用户 i 的所有解中最小的最大费用, 而包含用户 i 的任意解的最大费用都不低于 r. 由选择函数的最优性 (引理 5.2) 可知, $i \notin s(r, \boldsymbol{b}_{-i})$. □

定理 5.4　*机制 5.2是标准化的、真实的、个体理性的、多项式时间的, 并且对于最大费用目标函数是最优的.*

证明　标准化和多项式时间都是显然的. 引理 5.2表明机制 5.2输出了精确的最小化最大费用的赢家集合. 要证明机制的真实性, 只需证明它满足定理 5.1中的条件 (1)、(2)、(3). 由选择函数 s 的过程可知, 任意输家在增加了自己的报价之后依然是输家, 因此 s 是单调的, 满足条件 (1). 没有任何单个的输家可以通过独自增加报价来改变赢家集合, 这意味着 $|\mathcal{S}_i(\boldsymbol{b}_{-i})| = 1$, 满足条件 (2). 引理 5.3表明了机制满足条件 (3). 因此, 机制 5.2 是真实的.

输家的个体理性是显然的, 无论其是否参与博弈, 都会承担服务费用, 并且参加博弈不会使他承担更高的服务费用. 对于每个赢家 $i \in s(\boldsymbol{b})$, 如果他参加博弈, 他的位置将建造一个设施, 他的收益将是 $p_i(\boldsymbol{b}) - b_i = r_i(\boldsymbol{b}_i) - d(i, S_i) - b_i \geqslant -d(i, S_i)$, 其中 $S_i \in \mathcal{S}_i(\boldsymbol{b}_{-i})$, 并且 $r_i(\boldsymbol{b}_{-i}) \geqslant b_i$. 如果不参加博弈, 则用户 i 将承担的服务费用至少是 $d(i, S_i)$, 其收益至多是 $-d(i, S_i)$. 因此, 他愿意参加博弈. □

5.6　预算限制下的机制设计

本节考虑带预算限制的双重角色设施选址博弈. 给定预算 $B \in \mathbb{R}_+$(假设 $B \geqslant \min\limits_{i \in N}\{f_i\}$), 一个真实机制被称为*预算可行的*, 如果支付给用户的总报酬不超过 B. 报酬可以被看作对于开设设施的用户的补偿. 我们用 $I = (\boldsymbol{l}, \boldsymbol{f}, B)$ 来表示一个带预算限制 B 的问题实例. 关于系统目标函数 C, 我们在一个标准的预算可行框架

(参考文献 [51] 和 [80]) 下评估一个机制的表现: 将机制导出的目标函数值与对应优化问题的最优值进行对比, 其中优化问题的约束限制是被选中的赢家开设费用之和不能超过 B. 正式地, 一个预算可行机制 $\mathcal{M}$ 是最优的 (或 α-近似的), 如果对于任意实例 $I=(\boldsymbol{l},\boldsymbol{f},B)$, 机制输出解 W_I 的目标函数值等于 (或不超过 α 倍) 下列数学规划的最优值: $\min\limits_{W\subseteq N} C(W)$ 使得 $\sum\limits_{i\in W} f_i \leqslant B$. 也就是说, $C(W_I)=C^*(I)$(或 $C(W_I)\leqslant \alpha C^*(I)$).

然而, 对于某些系统目标函数, 任何预算可行机制的近似比都可能是无界的. 因而我们考虑一个预算增广框架, 其中机制被允许支付超过预算 B 一定量的总报酬. 在该框架下, 定义机制 $\mathcal{M}$ 的增广近似比为

$$\Gamma_g(\mathcal{M})=\sup_I \frac{C(W_{I_g})}{C^*(I)}$$

其中 $g\geqslant 1$ 是增广因子, W_{I_g} 是机制对于实例 $I_g:=(\boldsymbol{l},\boldsymbol{f},gB)$ 输出的赢家集合. 特别地, $\Gamma_1(\mathcal{M})$ 就是近似比.

对于社会费用目标, 我们将证明, 预算限制将排除所有可接受机制的可能性, 即便机制可以使用一定量的增广预算.

定理 5.5 对于最小化社会费用的目标, 任意确定性的预算可行真实机制 $\mathcal{M}$ 都有近似比 $\Omega(n)$; 即便对于任意常数 $k\in\mathbb{N}^+$, 机制 $\mathcal{M}$ 都可以使用 kB 大小的预算, 也是如此. 也就是说, $\Gamma_k(\mathcal{M})=\Omega(n)$.

证明 假设存在确定性的预算可行真实机制 $\mathcal{M}$ 的增广近似比为 $\Gamma_k(\mathcal{M})<\Omega(n)$. 考虑一个有 $n=(k+1)(q+1)$ 个用户的实例. 如图 5.1所示, $q\in\mathbb{N}^+$ 是整数. 用户是图中的节点, 共有 $k+1$ 个中心节点, 表示为 $\{1,2,\cdots,k+1\}$, 每个中心节点的度都是 $k+q$, 并连接了 q 个叶子节点. 每条连接两个中心节点的边的长度都是 $x=\dfrac{B}{k+3}$, 其他的 $n-k-1$ 条边的长度是 ε. 任意两个用户之间的距离都是由最短路径决定的. 设 n 维向量 $\boldsymbol{y}$ 对于 $1\leqslant i\leqslant k+1$ 满足 $y_i=\delta$, 其中 $0<\delta<\varepsilon$, 对 $i\geqslant k+2$ 有 $y_i=(k+1)B$. 考虑开设费用组合 $\boldsymbol{f}^1=(b,\boldsymbol{y}_{-1})$, 其中用户 1 的开设费用是 $b=\left(\dfrac{1}{k+2}+\dfrac{k}{k+1}\right)B$. 这个实例的最优解是 $W^*=\{1,2,\cdots,k+1\}$,

即中心节点集合, 对应的社会费用是 $C(W^*) = b + (n-k-1)\varepsilon + k\delta$. 下面我们证明机制 $\mathcal{M}$ 对于 $\boldsymbol{f}^1$ 一定输出 W^* 作为赢家集合.

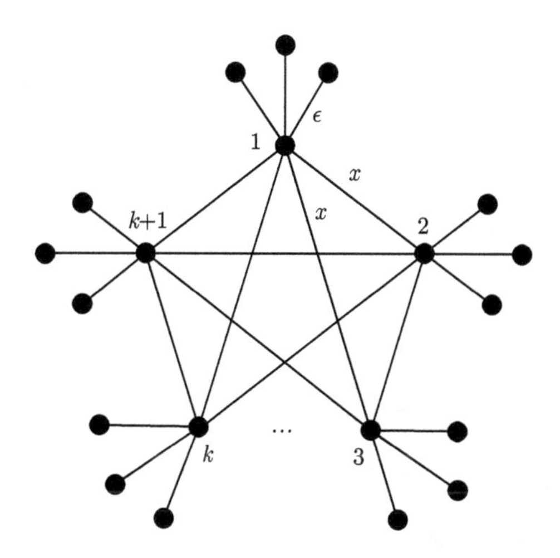

图 5.1　定理 5.5 的证明示例

首先, 假设一个开设费用为 $(k+1)B$ 的叶子节点被选中, 则用户的阈值至少是 $(k+1)B$, 由式 (5.1) 可知收到的报酬至少是 $(k+1)B-(x+2\varepsilon)$, 其中 $x+2\varepsilon$ 是他与其他用户的最大距离. 同时, 中心节点 1 收到的报酬至少是 $b_1-(x+\varepsilon)$, 其他中心节点的报酬至少是 $\delta-(x+\varepsilon)$, 其中 $x+\varepsilon$ 是与其他用户的最大距离. 因此, 总报酬超过了增广预算 kB, 矛盾. 所以叶子节点不能被选中. 然后, 假设某个中心节点 $i \in W^*$ 没有被选中, 则每个与 i 相连的叶子节点承担的服务费用都至少为 $x+\varepsilon$. 设 W 是机制输出的赢家集合. 社会费用为 $C(W) \geqslant q(x+\varepsilon)$, 近似比是

$$\frac{C(W)}{C(W^*)} \geqslant \frac{q(x+\varepsilon)}{b+(n-k-1)\varepsilon+k\delta} \to \Omega(n)(\delta, \varepsilon \to 0)$$

矛盾. 因此, 机制一定输出 W^* 作为赢家集合, 用户 1 关于 $\boldsymbol{f}^1_{-1}$ 的阈值至少是 b.

类似地, 对于每个开设费用组合 $\boldsymbol{f}^2 = (b, \boldsymbol{y}_{-2}), \cdots, \boldsymbol{f}^{k+1} = (b, \boldsymbol{y}_{-(k+1)})$, 可以证明机制一定输出 W^*. 因此, 每个用户 $j \in \{2, \cdots, k+1\}$ 关于 $\boldsymbol{f}^{k+2}_{-j}$ 的阈值都至少是 b.

现在我们考虑开设费用组合 $\boldsymbol{f}^{k+2} = \boldsymbol{y}$. 由上述分析可知, 机制一定会选择

W^*, 且每个赢家的阈值至少是 b, 报酬至少是 $b-(x+\varepsilon)$. 因而机制支付的总报酬至少是

$$(k+1)(b-x-\varepsilon)=(k+1)\left(\frac{1}{k+2}+\frac{k}{k+1}\right)B-\frac{(k+1)B}{k+3}-(k+1)\varepsilon>kB$$

超过了增广预算. □

此外, 对于随机的普遍真实机制, 同样有近似比下界. 我们使用 Yao 的极小极大法则 [83] 来证明随机机制的近似比下界. 这个著名的法则来自图灵奖得主姚期智.

命题 5.1 (Yao 的极小极大法则 [83]) 一个随机算法在最坏输入下的期望费用不会低于某个确定性算法在最坏的输入分布下的期望费用, 且这个确定性算法是对这个最坏输入分布表现最好的.

定理 5.6 对于最小化社会费用的目标, 任意随机的普遍真实预算可行机制都有近似比 $\Omega(n)$; 即便对于任意常数 $k\in\mathbb{N}^+$, 机制 $\mathcal{M}$ 都可以使用 kB 大小的预算, 也是如此.

证明 根据 Yao 的极小极大法则, 只需构造一个实例的概率分布, 并证明不存在确定性的预算可行真实机制可以在这个分布上达到小于 $\Omega(n)$ 的期望近似比. 考虑如下实例分布: 每个 (概率大于 0 的) 实例都有 $n=(k+1)(q+1)$ 个用户, 位置组合如图 5.1所示. 开设费用组合的分布如下:

(1) 对于 $i=1,\cdots,k+1$, 以概率 $\dfrac{1-\varepsilon}{k+1}$ 为 $\boldsymbol{f}^i$;

(2) 以概率 ε 为 $\boldsymbol{f}^{k+2}$,

其中 $\boldsymbol{f}^1,\cdots,\boldsymbol{f}^{k+2}$ 在定理 5.5的证明中被定义. 对于所有的 $k+2$ 个实例, 最优解都是 $W^*=\{1,2,\cdots,k+1\}$.

我们首先证明, 对于任意确定性的且可使用 kB 预算的真实机制 $\mathcal{M}$, 在前 $k+1$ 个实例中至少存在一个, 使得 $\mathcal{M}$ 不能输出 W^* 作为赢家集合. 利用反证法, 假设 $\mathcal{M}$ 对前 $k+1$ 个实例都输出 W^*. 考虑开设费用组合 $\boldsymbol{f}^{k+2}$, 每个中心节点 j 关于 $\boldsymbol{f}^{k+2}_{-j}$ 的阈值都至少是 b, 报酬至少是 $b-(x+\varepsilon)$. 因而机制支付的总报酬

至少是

$$(k+1)(b-x-\varepsilon)=(k+1)\left(\frac{1}{k+2}+\frac{k}{k+1}\right)B-\frac{(k+1)B}{k+3}-(k+1)\varepsilon>kB$$

超出了增广预算. 于是至少有一个实例使得最多 k 个中心节点被选中, 这意味着社会费用至少是 $q(x+\varepsilon)$.

接下来, 我们计算机制关于实例分布的期望近似比. 对于前 $k+1$ 个实例, 最优解是 W^*, 最优社会费用是 $b+(n-k-1)\varepsilon+k\delta$. 于是机制关于整个分布的期望近似比至少是

$$\frac{1-\varepsilon}{k+1}\cdot\frac{q(x+\varepsilon)}{b+(n-k-1)\varepsilon+k\delta}+k\cdot\frac{1-\varepsilon}{k+1}\cdot 1+\varepsilon\cdot 1\to\frac{xq}{b(x+1)}+\frac{k}{k+1}$$
$$=\Omega(n)(\delta,\varepsilon\to 0)$$

因此, 随机下界是 $\Omega(n)$. □

当 $k=1$ 时, 尽管上述两个定理表明没有预算可行的真实机制有比 $\Omega(n)$ 更好的近似比, 然而若限制只能开设一个设施, 则存在最优的预算可行真实机制, 其基本思想是选择最小化社会费用的单个设施.

机制 5.3 给定输入报价组合 $\boldsymbol{b}=(b_1,\cdots,b_n)$ 和预算 B, 对于每个用户 $i\in N$ 定义 $C(i,\boldsymbol{b})=\sum_{j\in N}d(i,j)+b_i$. 将所有报价不超过 B 的 m 个用户按照 $C(1,\boldsymbol{b})\leqslant C(2,\boldsymbol{b})\leqslant\cdots\leqslant C(m,\boldsymbol{b})$ 的顺序排列, 如有必要则重新命名, 并可任意打破平衡. 然后有以下结论.

(1) 如果 $m=0$, 选择函数输出空集, $s(\boldsymbol{b})=\varnothing$, 并且没有任何支付; 否则选择 $s(\boldsymbol{b})=\{1\}$.

(2) 如果 $m=1$, 支付给用户 1 的报酬是 $p_1(\boldsymbol{b})=B-Q$; 如果 $m\geqslant 2$, 支付给用户 1 的报酬是 $p_1=\min\{C(2,\boldsymbol{b})-C(1,\boldsymbol{b})+b_1,B\}-d(1,2)$.

定理 5.7 如果限制最多可以开设一个设施, 则机制 5.3是真实的、预算可行的、多项式时间的, 并且对于社会费用函数是最优的.

证明 要证明最优性, 因为选择函数满足定理 5.1中的条件 (1) 和 (2), 所以只需要验证支付的报酬满足式 (5.1). 当 $m=1$ 时, 我们有 $\mathcal{S}_1(b_{-1})=\{\varnothing\}$, 且报酬是 $r_1(\boldsymbol{b}_{-1})-d(1,\varnothing)=B-Q$. 当 $m\geqslant 2$ 时, 用户 1 被选中当且仅当他的报价不超过 B 和 $C(2,\boldsymbol{b})-C(1,\boldsymbol{b})+b_1$, 否则机制将选择用户 2. 因此用户 1 的阈值是 $\min\{C(2,\boldsymbol{b})-C(1,\boldsymbol{b})+b_1,B\}$.

最优性、预算可行性和多项式时间都是显然的. 关于个体理性, $m\leqslant 1$ 时也是显然的. 假设 $m\geqslant 2$, 若用户 1 拒绝参加博弈, 则他的收益由 p_1-b_1 变为 $-d(1,2)$. 因为 $B\geqslant b_1$ 和 $C(2,\boldsymbol{b})\geqslant C(1,\boldsymbol{b})$, 所以我们有 $p_1-b_1\geqslant -d(1,2)$, 证明了个体理性. □

接下来, 考虑最小化用户最大费用的目标函数. 在预算限制下, 我们针对确定性预算可行真实机制的近似比提供了一个线性的下界.

定理 5.8 *对于最小化最大费用目标, 任何确定性的预算可行真实机制的近似比都至少是 $\dfrac{2n}{9}$.*

证明 假设存在确定性的预算可行真实机制 $\mathcal{M}$ 有比 $\dfrac{2n}{9}$ 小的近似比. 考虑一个预算为 $B=1$ 且有 $n=3q(q\geqslant 3)$ 个用户的实例, 如图 5.2所示. 下文将不加

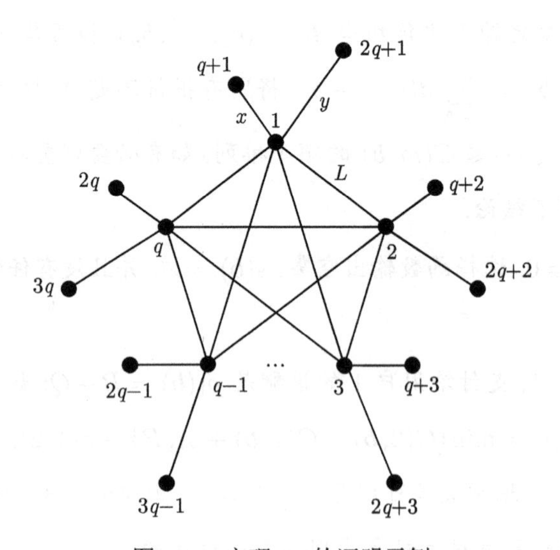

图 5.2 定理 5.8的证明示例

区分地使用“节点”和“用户”. 用户 $1,2,\cdots,q$ 是中心节点, 每个中心节点 $i\in[q]$ 都连接了两个叶子节点 $q+i$ 和 $2q+i$, 连边的长度分别是 $x=\dfrac{1}{2q}-(q-1)\delta$ 和 $y=\dfrac{1}{q}$, 其中 $\delta>0$ 是充分小的数. 任意两个中心节点之间的连边的长度都是 L, 其中 $L>\dfrac{2n}{9}$ 是一个很大的数. 用户之间的距离定义为最短路径的长度.

定义 n 维向量 $\boldsymbol{v}=(v_1,\cdots,v_n)$ 为

$$v_i=\begin{cases}\delta, & \text{如果}1\leqslant i\leqslant q\\ 1-(q-1)\delta, & \text{如果}q+1\leqslant i\leqslant 2q\\ L, & \text{如果}i>2q\end{cases}$$

考虑开设费用组合 $\boldsymbol{f}^1=(b,\boldsymbol{v}_{-1})$, 其中 $b=\dfrac{3}{2q}-(q-2)\delta$. 最优解是选择全部中心节点 $W^*=\{1,2,\cdots,q\}$ 作为赢家, 对应的最大费用为 $C_B(W^*)=\dfrac{3}{2q}-(q-2)\delta$. 我们将证明 $\mathcal{M}$ 的近似比迫使必须输出 W^* 作为赢家集合. 设 $\mathcal{M}$ 输出 W. 首先, 任意叶子节点都不能被选择, 因为导出的最大费用至少是其开设费用, 即 $C_B(W)\geqslant 1-(q-1)\delta$, 而近似比满足

$$\frac{C_B(W)}{C_B(W^*)}\geqslant\frac{1-(q-1)\delta}{\dfrac{3}{2q}-(q-2)\delta}\geqslant\frac{2q}{3}=\frac{2n}{9}$$

然后, 所有的中心节点都必须被选中. 假设存在中心节点 $i\in W^*$ 未被选中, 则他承担的服务费用至少是 L, 导出的最大费用满足 $C_B(W)\geqslant L$, 与近似比矛盾. 因此, $\mathcal{M}$ 必定输出 W^*.

类似地, 分别考虑开设费用组合 $(b,\boldsymbol{v}_{-2}),\cdots,(b,\boldsymbol{v}_{-q})$, 机制同样必输出 W^*.

现在我们考虑开设费用组合 $\boldsymbol{f}=\boldsymbol{v}$, 其最优的最大费用同样是 $\dfrac{3}{2q}-(q-2)\delta$. 由选择函数的单调性可知, 每个中心节点 i 一定依然是赢家, 关于 f_i 的阈值满足 $r_i(\boldsymbol{f}_{-i})\geqslant b$. 对于任意集合 $S\in\mathcal{S}_i(\boldsymbol{f}_{-i})$, 机制的近似比迫使 $q+i\in S$, 因而 $d(i,S)\leqslant x$. 根据支付公式 (5.1), 用户 i 的报酬为 $p_i=r_i(\boldsymbol{f}_{-i})-d(i,S)\geqslant b-x=$

$\dfrac{1}{q}+\delta$. 因此, 机制支付的总报酬至少是 $q\left(\dfrac{1}{q}+\delta\right)>1$, 与预算矛盾. □

使用 Yao 的极小极大法则, 我们可以针对随机机制证明近似比的常数下界.

定理 5.9 对于最大费用目标函数, 任意随机的普遍真实预算可行机制的近似比都至少是 $\dfrac{5}{3}-\dfrac{3}{n}$.

证明 考虑实例的概率分布: 所有 (概率大于 0 的) 实例都包含 $n=3q(q\geqslant 3)$ 个用户, 如图 5.2所示. 预算为 $B=1$. 设 $\delta,\varepsilon>0$ 为充分小的数, L 是充分大的数. 任意中心节点 $i\in[q]$ 与叶子邻居节点 $q+i$ 的距离都是 $x=\dfrac{1}{2q}-(q-1)\delta$, 与另一个叶子邻居节点 $2q+i$ 的距离都是 $y=\dfrac{1}{q}$. 定义向量 $\boldsymbol{u}=(u_1,\cdots,u_n)$ 为

$$u_i=\begin{cases}\delta, & \text{如果}1\leqslant i\leqslant q\\ 1-(q-1)\delta, & \text{如果}q+1\leqslant i\leqslant 2q\\ L, & \text{如果}i>2q\end{cases}$$

开设费用组合 $\boldsymbol{f}=(f_1,\cdots,f_n)$ 由如下分布确定:

(1) 以概率 $\dfrac{1-\varepsilon}{q+1}$ 为 $\boldsymbol{f}=(b,\boldsymbol{u}_{-i})$, 对于 $i=1,\cdots,q$;

(2) 以概率 ε 为 $\boldsymbol{f}=\boldsymbol{u}$,

其中 $b=\dfrac{3}{2q}-(q-2)\delta$. 对于所有 $q+1$ 个实例, 最优解都是 $W^*=\{1,2,\cdots,q+1\}$.

由 Yao 的极小极大法则可知, 只需证明任意确定性的预算可行真实机制对于上述实例分布都不能有比 $\dfrac{5}{3}-\dfrac{3}{n}$ 低的期望近似比. 利用反证法, 假设存在一个确定性的预算可行真实机制 $\mathcal{M}$ 对于实例的期望近似比小于 $\dfrac{5}{3}-\dfrac{3}{n}$. 我们首先证明在前 q 个实例中, 至少存在一个实例使得 $\mathcal{M}$ 不能输出 W^* 作为赢家集合. 假设在所有的前 q 个实例中, 任意中心节点都被选中. 考虑分布中的最后一个实例 I(其开设费用组合为 $\boldsymbol{u}$, 概率为 ε), 由机制选择函数的单调性可知, 任意的中心节点都被选中, 且阈值至少是 b. 因为 $\mathcal{M}$ 的期望近似比小于 $\dfrac{5}{3}-\dfrac{3}{n}$, 所以它对于实例 I 的近似比一定小于 $\dfrac{1}{\varepsilon}\left(\dfrac{5}{3}-\dfrac{3}{n}\right)$, 这迫使当中心节点 i 报价超过阈值时, 机制一定

选中 $q+i$, 也就是说, 对任意集合 $S \in \mathcal{S}_i(\boldsymbol{u}_{-i})$, 都有 $q+i \in S$. 根据支付公式 (5.1), 用户 i 的报酬满足 $p_i \geqslant b-x = 1/q+\delta$, 并且机制支付的总报酬至少是 $q(1/q+\delta) > 1$, 与预算相矛盾. 因此, 在前 q 个实例中至少有一个实例 (设为 I'), 使得最多 $q-1$ 个中心节点被选中. 这导出的最大费用至少为 $1-(q-1)\delta$, 而最优的最大费用为 $b = \dfrac{3}{2q} - (q-2)\delta$.

关于机制 $\mathcal{M}$ 对实例分布的期望近似比, 最好的情形是 $\mathcal{M}$ 对除了实例 I' 之外的其他任何实例都达到最优. 因此, 期望近似比至少是

$$\frac{1-\varepsilon}{q} \cdot \frac{1-(q-1)\delta}{\dfrac{3}{2q}-(q-2)\delta} + (q-1) \cdot \frac{1-\varepsilon}{q} \cdot 1 + \varepsilon \cdot 1 \to \frac{5}{3} - \frac{3}{n} (\delta, \varepsilon \to 0)$$

与我们的假设$\left(\mathcal{M}\right.$ 的期望近似比小于 $\left.\dfrac{5}{3}-\dfrac{3}{n}\right)$矛盾. 因而由 Yao 的极小极大法则, 随机机制的近似比下界是 $\dfrac{5}{3}-\dfrac{3}{n}$. □

定理 5.8表明没有确定性的预算可行真实机制有次线性的近似比. 然而在一些额外的约束下 (比如最多可开设一个设施), 可以有最优的预算可行机制.

机制 5.4　给定输入报价组合 $\boldsymbol{b} = (b_1, \cdots, b_n)$ 和预算 B, 对每个用户 $i \in N$, 定义 $C_B(i, \boldsymbol{b}) = \max\{\max_{j \in N} d(j,i), b_i\}$. 考虑所有 m 个报价不超过 B 的用户, 按照顺序 $C_B(1,\boldsymbol{b}) \leqslant C_B(2,\boldsymbol{b}) \leqslant \cdots \leqslant C_B(m,\boldsymbol{b})$ 排列, 如有必要可重新命名, 可任意打破平衡. 然后有如下结论.

(1) 如果 $m=0$, 选择函数输出 $s(\boldsymbol{b}) = \varnothing$, 且没有支付发生; 否则 $s(\boldsymbol{b}) = \{1\}$.

(2) 如果 $m=1$, 用户 1 收到的报酬是 $p_1(\boldsymbol{b}) = B - Q$; 如果 $m \geqslant 2$, 用户 1 的报酬是 $p_1(\boldsymbol{b}) = \min\{C_B(2,\boldsymbol{b}) - C_B(1,\boldsymbol{b}) + b_1, B\} - d(1,2)$.

定理 5.10　如果限制最多可以开设一个设施, 那么机制 5.4是真实的、预算可行的、多项式时间的, 并且对于最大费用目标函数是最优的.

证明　对于真实性, 只需证明定理 5.1中的三个条件都满足. 机制 5.4的选择函数显然是单调的, 满足条件 (1). 当 $m=1$ 时, 赢家集合是 $\{1\}$, 且 $\mathcal{S}_1(b_{-1}) = \{\varnothing\}$; 当 $m \geqslant 2$ 时, 赢家集合是 $\{1\}$, 且 $\mathcal{S}_1(b_{-1}) = \{2\}$, 满足条件 (2). 接下来

验证条件 (3). 如果 $m = 1$, 我们有 $\mathcal{S}_1(b_{-1}) = \{\varnothing\}$ 和 $r_1(b_{-1}) = B$, 这意味着 $p_1 = B - Q = r_1(b_{-1}) - d(1, \varnothing)$. 如果 $m \geqslant 2$, 我们有 $\mathcal{S}_1(b_{-1}) = \{2\}$, 然后只需证 $r_1(b_{-1}) = \min\{C_B(2, \boldsymbol{b}) - C_B(1, \boldsymbol{b}) + b_1, B\}$. 假设用户 1 报价 r, 设 $\boldsymbol{b}' = (r, b_{-1})$. 当 $r < \min\{C_B(2, \boldsymbol{b}) - C_B(1, \boldsymbol{b}) + b_1, B\}$ 时, 我们有 $r < C_B(2, \boldsymbol{b}) - C_B(1, \boldsymbol{b}) + b_1$ 和 $r < B$. 然后 $C_B(1, \boldsymbol{b}') = C_B(1, \boldsymbol{b}) - b_1 + r < C_B(2, \boldsymbol{b}') = C_B(2, \boldsymbol{b})$, 机制选择用户 1 作为赢家. 当 $r > \min\{C_B(2, \boldsymbol{b}) - C_B(1, \boldsymbol{b}) + b_1, B\}$ 时, 我们有 $r > C_B(2, \boldsymbol{b}) - C_B(1, \boldsymbol{b}) + b_1$(即 $C_B(1, \boldsymbol{b}') > C_B(2, \boldsymbol{b}')$) 或者 $r > B$, 机制选择用户 2 作为赢家. 因此, 用户 1 的阈值是 $r_1(b_{-1}) = \min\{C_B(2, \boldsymbol{b}) - C_B(1, \boldsymbol{b}) + b_1, B\}$, 完成了真实性的证明.

机制的最优性、预算可行性和多项式时间都是显然的. 个体理性在 $m \leqslant 1$ 时是显然的. 当 $m \geqslant 2$ 时, 若用户 1 拒绝参加博弈, 则他的收益由 $\min\{C_B(2, \boldsymbol{b}) - C_B(1, \boldsymbol{b}) + b_1, B\} - d(1, 2)$ 降为 $-d(1, 2)$, 而其他用户也不会拒绝参加博弈. □

第 6 章　带预算和策略性设施的设施选址博弈

本章考虑由 Li 等 [84] 提出的带预算和策略性设施的设施选址博弈. 第 6.1节介绍问题背景和研究成果, 第 6.2节给出数学模型, 第 6.3、6.4、6.5节分别考虑在不同目标函数下的机制设计.

6.1　问题背景和研究成果

在经典的设施选址博弈中, 用户策略性地报告自己的私人位置. 而设施选址博弈的前沿方向和具有挑战性的方向是研究策略性的设施. Archer 和 Tardos [35] 学习了一个策略性设施的博弈模型: 给定设施集合和消费者集合, 所有位置都已知, 策略性的设施被要求报告自己的开设费用. 之后政府选择一些设施进行开设, 并且支付报酬用来保证设施会真实地汇报. 他们针对最小化总费用的目标设计了真实机制.

本章将研究另一类设施选址问题, 即带预算和策略性设施的设施选址博弈. 在这个博弈中, 消费者和设施 (拥有者) 位于线段上的公开位置. 个体理性的设施是博弈的参与人, 拥有一个开设费用. 这个开设费用是设施的私人信息, 他策略性地将信息报告给政府. 收到设施的报告之后, 政府使用一个机制来选择一些设施进行开设, 并对其支付报酬作为补偿. 每个用户的费用 (或收益) 取决于他与最近的开设设施之间的距离. 与文献 [35] 中模型不同的是, 我们的模型还是一个对于总支付的预算限制: 称一个机制是*预算可行的*, 如果机制支付的总报酬不超过这个预算限制. 预算的引入揭示了机制设计问题中的一个新的研究维度, 预算可行的要求进一步限制了机制的搜索空间, 尤其是在给定了真实性的很大限制之后. 设计预算可行的机制需要控制每个玩家的阈值, 而这个阈值通常是很难分析和计算的.

带预算和策略性设施的设施选址博弈模拟了如下实际场景: 政府想要在一些可供选择的位置上建造一些公共设施 (比如图书馆或超市) 来服务居民消费者. 每个可供选择的位置都有一个占用者, 当设施在占有者的位置开设时, 他需要承担一个开设费用. 这个费用是他的私人信息, 政府无法精确掌握, 只能靠占有者来报告. 政府可以支付报酬给占用者, 以作为开设设施的经济补偿, 但是要有一个预算限制, 使其总支付不能超过预算. 与上一章研究的双重角色不同的是, 在本节研究的问题中设施占用者和消费者是分开的.

我们的目标是针对该问题设计预算可行的机制, 使得系统目标函数有一个较好的性能. 通常, 如果设施 (占用者) 说谎, 决策者没有得到真实信息, 那么系统目标的性能会非常差. 因此, 机制需要是真实的, 即每个设施都真实地将自己的私人开设费用汇报给决策者.

因为每个设施都拥有一个开设费用, 且开设费用可以被视作设施的单参数, 所以本问题也属于单参数问题类.

我们研究带预算和策略性设施的设施选址博弈, 其中所有消费者和设施的位置都是已知的, 每个设施都有一个私人的开设费用. 我们引入了支付的概念, 并且用一个预算来限制政府选择设施进行建造的能力. 给定一个设施子集进行开设, 每个消费者都承担一个连接费用 (等于他与最近的开设设施之间的距离), 或者具有收益 (等于一个常数减去其费用). 对于特定的系统目标函数, 一个机制的表现通常与最优解进行比较, 用近似比来衡量. 本节将针对多种系统目标函数设计预算可行的真实机制, 并证明机制的近似比下界.

(1) 对于最小化社会费用和最大费用的目标函数, 我们证明没有确定性和随机的预算可行真实机制能具有有界的近似比, 即便机制支付的总报酬可以超出预算一定的量.

(2) 对于最大化社会收益的目标函数, 我们证明没有确定性和随机的预算可行真实机制能具有比 2 更小的近似比. 进一步, 我们提出一个确定性的预算可行真实机制, 其近似比为 2, 与上述下界相匹配.

(3) 对于最大化最小收益的目标函数, 我们证明没有确定性和随机的预算可行真实机制能具有有界的近似比, 即便机制可以支配任意小于两倍预算的金钱. 此外, 在允许两倍预算的约束下, 我们提出一个确定性的预算可行真实机制, 其近似比为 2, 并且该近似比无法被进一步改进.

6.2　模　　型

设 $N=\{1,2,\cdots,n\}$ 是用户 (消费者) 集合, 每个人都位于线段 $[0,1]$ 上. 用户的位置组合记作 $\boldsymbol{x}=(x_i)_{i=1}^n$, 其中用户 $i\in N$ 的位置是 x_i. 政府想要建造一些设施来服务用户, 可供选择的设施建造位置集合是 $\mathcal{F}=\{l_1,l_2,\cdots,l_m\}$. 在不引起混淆的情况下, 下文将不加区分的使用 l_j 来表示设施及其位置. 每个设施 l_j 都有一个建造费用 c_j, 这是在设施开设时需要承担的费用. 令 $\boldsymbol{l}=(l_j)_{j=1}^m$ 和 $\boldsymbol{c}=(c_j)_{j=1}^m$ 为设施的位置组合和开设费用组合. 距离函数 d 是欧氏的, 也就是说 $i\in N$ 和设置 $l_j\in\mathcal{F}$ 之间的距离是 $d(x_i,l_j):=|x_i-l_j|$.

在这个博弈中, 与经典设施选址博弈不同, 我们考虑策略性的设施. 所有设施和用户的位置都是公开已知的, 而开设费用组合是设施的私人信息. 设施 l_j 策略性地将自己的开设费用 c_j 报价为 b_j, 报价与真实的开设费用可能并不相等. 收到报价组合 $\boldsymbol{b}=(b_1,b_2,\cdots,b_m)$ 之后, 政府使用一个机制来选择一个设施子集 $S\subseteq\mathcal{F}$ 进行建造, 并且确定支付给每个设施 $l_j\in\mathcal{F}$ 的报酬为 p_j. 我们称 S 为赢家集合, 称该集合中的每个设施 $l_j\in S$ 为赢家. 正式地, 一个机制 $\mathcal{M}=(f,p)$ 由选择函数 $f:\mathbb{R}_+^m\to 2^{\mathcal{F}}$ 和支付函数 $p:\mathbb{R}_+^m\to\mathbb{R}_+^m$ 组成, 这两个函数分别将报价组合 $\boldsymbol{b}=(b_j)_{j=1}^m$ 映射到赢家集合 $f(\boldsymbol{b})=S$ 和支付向量 $p(\boldsymbol{b})=(p_j)_{j=1}^m$. 我们用 $(s_1,\cdots,s_m)$ 来表示 S 的指示向量, 也就是说, $s_j=1$ 当且仅当 $l_j\in S$, 而 $s_j=0$ 当且仅当 $l_j\notin S$.

给定一个预算限制 B, 一个机制被称为预算可行的, 如果它支付的总报酬不超过该预算, 也就是说, $\sum_{j=1}^{m} p_j \leqslant B$. 每个设施 l_j 都策略性地报告自己的开设费用, 以最大化自己的收益 $p_j - s_j c_j$. 重要的是, 我们需要设计机制, 使得如实报告是每个设施的支配策略. 正式地, 一个确定性机制是真实的, 如果对于每一个设施 $l_j \in \mathcal{F}$(其真实的开设费用和报价分别是 c_j 和 c'_j), 每一个由 $\mathcal{F} \setminus \{l_j\}$ 组成的报价组合, 我们都有

$$p_j - s_j c_j \geqslant p'_j - s'_j c_j$$

其中 (s_j, p_j) 和 (s'_j, p'_j) 是报价分别为 c_j 和 c'_j 时的指示变量和报酬. 一个随机机制是普遍真实的, 如果它是若干确定性真实机制的概率分布. 通常, 我们需要一个机制是标准化的, 即 $s_j = 0$ 意味着 $p_j = 0$, 是个体理性的, 即 $p_j \geqslant s_j c_j$, 以及是没有正向交易的, 即 $p_j \geqslant 0$.

我们假设每个设施的开设费用都不超过给定的预算, 即对所有 $l_j \in \mathcal{F}$ 都有 $c_j \leqslant B$. 这个假设是合理的. 因为一个预算可行的机制永远不会选择开设费用大于预算的设施.

我们研究的带预算和策略性设施的设施选址博弈属于单参数问题, 因为每个策略性的设施都有一个私人数值, 即其开设费用. Myerson [74] 给出了对于一般单参数问题的一个广为人知的真实机制刻画: 一个机制是真实的, 当且仅当它的选择函数是单调的, 并且每个赢家得到的报酬等于他的阈值报价.

命题 6.1 (Myerson [74]) 在单参数问题中, 一个标准化的机制 $\mathcal{M} = (s, p)$ 是真实的, 当且仅当下面两个条件成立.

(1) f 单调: 任给 $i \in N$, 如果 $c'_i \leqslant c_i$, 则对任意 $c_{-i}, i \in f(c_i, c_{-i})$ 意味着 $i \in f(c'_i, c_{-i})$.

(2) 每个赢家都能得到其阈值报价: 每个赢家的报酬为 $\inf\{c_i : i \notin f(c_i, c_{-i})\}$.

给定赢家集合 S, 每个用户 $i \in N$ 的费用定义为他到最近的开设设施的距离, 表示为 $\text{cost}_i(S) = \min_{l_j \in S} d(x_i, l_j)$. 每个用户 $i \in N$ 的收益定义为 $u_i(S) = 1 - \text{cost}_i(S)$. 注意到所有的设施和用户都位于长度为 1 的线段 $[0, 1]$ 上, 因此我们

可以保证每个用户都有非负收益, 只要 S 非空.

我们考虑四种系统目标函数: 社会费用、最大费用、社会收益和最小收益. 关于赢家集合 $S \subseteq \mathcal{F}$, 社会费用是所有用户的费用之和, 即

$$\mathrm{SC}(S) := \sum_{i \in N} \mathrm{cost}_i(S)$$

最大费用指的是所有用户中的最大费用, 即

$$\mathrm{MC}(S) := \max_{i \in N} \mathrm{cost}_i(S)$$

社会收益是所有用户的收益之和, 即

$$\mathrm{SU}(S) := \sum_{i \in N} u_i(S)$$

最小收益是所有用户中的最小收益, 即

$$\mathrm{MU}(S) := \min_{i \in N} u_i(S)$$

对于前两种目标, 需要最小化, 而对于后两种目标, 需要最大化.

我们想要设计预算可行的真实机制, 并且这种真实机制对于系统目标函数有良好的表现. 用 $G : 2^F \to \mathbb{R}_+$ 表示系统目标函数, G 可能是 SC、MC、SU 或 MU. 用 $I = (\boldsymbol{x}, \boldsymbol{l}, \boldsymbol{c}, B)$ 表示博弈的一个实例.

对于费用型的目标 (SC 和 MC), 令 $\mathrm{OPT}(I)$ 为线性规划在实例 I 上的最优解: $\min\limits_{S \subset \mathcal{F}} G(S)$ 使得 $\sum\limits_{l_j \in S} c_j \leqslant B$. 定义机制 $\mathcal{M}$ 关于实例 I 的近似比为

$$\gamma(\mathcal{M}, I) = \frac{G(S_I)}{\mathrm{OPT}(I)}$$

其中 S_I 是机制输出的赢家集合.

对于收益型的目标 (SU 和 MU), 令 $\mathrm{OPT}(I)$ 为线性规划在实例 I 上的最优解: $\max\limits_{S \subset \mathcal{F}} G(S)$ 使得 $\sum\limits_{l_j \in S} c_j \leqslant B$. 定义机制 $\mathcal{M}$ 关于实例 I 的近似比为

$$\gamma(\mathcal{M}, I) = \frac{\mathrm{OPT}(I)}{G(S_I)}$$

其中 S_I 是机制输出的赢家集合.

机制 $\mathcal{M}$ 的近似比是关于所有实例最坏情况下的比值, 定义为

$$\gamma(\mathcal{M}) = \sup_I \gamma(\mathcal{M}, I)$$

我们下面将证明, 对于一些目标函数, 任意预算可行的机制都不可能有有界的近似比. 因此我们在一个预算增广框架下考虑机制设计, 其中机制支付的报酬可以超过预算一定的量. 评估机制的表现时, 增广预算下机制输出的解将与正常预算时的最优解进行对比. 对于费用型目标函数, 定义机制 $\mathcal{M}$ 的增广近似比为

$$\gamma_g(\mathcal{M}) = \sup_I \frac{G(S_{I_g})}{\mathrm{OPT}(I)}$$

其中 $g \geqslant 1$ 是增广因子, S_{I_g} 是机制 $\mathcal{M}$ 对于实例 $I_g = (\boldsymbol{x}, \boldsymbol{l}, \boldsymbol{c}, gB)$ 输出的赢家集合. 类似地, 对于收益型目标函数, 定义增广近似比为

$$\gamma_g(\mathcal{M}) = \sup_I \frac{\mathrm{OPT}(I)}{G(S_{I_g})}$$

6.3 费用型目标下的机制设计

本节考虑两种费用型目标函数, 即最小化社会费用和最小化最大费用. 我们将证明任意确定性或随机的预算可行真实机制的近似比都是无界的.

定理 6.1 对于最小化社会费用和最大费用两种目标函数, 没有确定性的预算可行真实机制具有有界的近似比; 即便对于任意常数 $k \geqslant 1$, 该机制可使用 kB 大小的预算, 也是如此.

证明 使用反证法. 假设存在一个确定性的预算可行真实机制 $\mathcal{M}$ 具有有界的近似比. 令 $\tilde{k} = \lceil k \rceil$. 考虑一个有 $\tilde{k}+1$ 个用户和 $\tilde{k}+1$ 个设施的实例, 用户和设施的位置组合是 $\boldsymbol{x} = \boldsymbol{l} = (0, 1/\tilde{k}, 2/\tilde{k}, \cdots, \tilde{k}/\tilde{k})$. 对于开设费用组合 $(B - \tilde{k}\varepsilon, \varepsilon, \cdots, \varepsilon)$(其中 $\varepsilon > 0$ 是充分小的常数), 最优解开设所有的 $\tilde{k}+1$ 个设施, 社会费用和最大费用都是 0. 显然机制 $\mathcal{M}$ 必须也同样选择全部的 $\tilde{k}+1$ 个设施, 否则产生

的社会费用和最大费用至少是 $1/\tilde{k}$, 因而有无界的近似比, 产生矛盾. 类似地, 对于其他 $\tilde{k}$ 个开设费用组合 $(\varepsilon, B-\tilde{k}\varepsilon, \varepsilon, \cdots, \varepsilon)$,$(\varepsilon, \varepsilon, B-\tilde{k}\varepsilon, \cdots, \varepsilon)$, $\cdots$, $(\varepsilon, \cdots, \varepsilon, B-\tilde{k}\varepsilon)$, 机制 $\mathcal{M}$ 都应该选择全部的 $\tilde{k}+1$ 个设施.

现在我们考虑开设费用组合 $(\varepsilon, \cdots, \varepsilon)$. 最优解依然开设所有设施, 最优的社会费用和最大费用依旧是 0, 而为了具有有界的近似比, 机制 $\mathcal{M}$ 也必须选择所有的设施. 由命题 6.1可知, 每个设施得到的报酬都应当是他的阈值. 由之前的分析可知, 这个阈值至少是 $B-k\varepsilon$. 因此, 机制支付的总报酬至少是 $(\tilde{k}+1)(B-\tilde{k}\varepsilon) > \tilde{k}B \geqslant kB$, 超过正常预算 B, 甚至超过增广预算 kB, 矛盾. □

接下来我们使用 Yao 的极小极大法则 [83] 来证明随机机制的近似比下界.

定理 6.2　对于最小化社会费用和最大费用两种目标函数, 没有随机的普遍真实的预算可行机制能达到有界的近似比; 即便对于任意常数 $k \geqslant 1$, 该机制可使用 kB 大小的预算, 也是如此.

证明　由 Yao 的极小极大法则可知, 我们只需构造一个关于实例的概率分布, 并证明没有确定性的预算可行真实机制对于这个分布具有有界的期望近似比.

令 $\varepsilon \in (0,1)$ 是一个充分小的常数, $\tilde{k} = \lceil k \rceil$. 考虑以下的实例概率分布: 所有的 $\tilde{k}+2$ 个实例都包含 $\tilde{k}+1$ 个用户和 $\tilde{k}+1$ 个设施, 用户和设施的位置组合为 $\boldsymbol{x} = \boldsymbol{l} = (0, 1/\tilde{k}, 2/\tilde{k}, \cdots, \tilde{k}/\tilde{k})$. 设施的开设费用组合 $\boldsymbol{c} = (c_1, c_2, \cdots, c_{\tilde{k}+1})$ 由以下分布确定:

(1) 对于 $i = 1, \cdots, \tilde{k}+1$, 以概率 $\dfrac{1-\varepsilon}{\tilde{k}+1}$ 有开设费用组合 $\boldsymbol{c}^i = (\varepsilon, \cdots, B-\tilde{k}\varepsilon, \cdots, \varepsilon)$, 其中第 i 个元素是 $B-\tilde{k}\varepsilon$, 其他元素是 ε;

(2) 以概率 ε 有开设费用组合 $\boldsymbol{c}^{\tilde{k}+2} = (\varepsilon, \cdots, \varepsilon)$.

对于上述分布中 $\tilde{k}+2$ 个实例的任意一个, 最优的社会费用和最大费用都是 0. 类似于定理 6.1证明中的论述, 我们可以证明, 对于任意确定性的且具有 kB 预算和有界近似比的真实机制 $\mathcal{M}$, 至少有一个实例使得机制 $\mathcal{M}$ 不能选择全部的 $\tilde{k}+1$ 个设施开设. 这意味着对于该实例, 机制产生的社会费用和最大费用至少是 $1/\tilde{k}$. 因此, 该机制对于实例概率分布的期望近似比至少是

$$\frac{1-\varepsilon}{\tilde{k}+1}\cdot\frac{1/\tilde{k}}{0}+\tilde{k}\cdot\frac{1-\varepsilon}{\tilde{k}+1}\cdot 1+\varepsilon\cdot 1\to\infty$$ □

6.4 社会收益目标下的机制设计

本节考虑最大化社会收益的目标函数. 我们首先证明, 确定性和随机的预算可行真实机制的近似比下界都是 2. 之后我们给出了一个确定性的 2-近似机制, 匹配了下界.

我们用文献 [80] 中命题 5.2 构造的实例来证明确定性的下界是 2.

定理 6.3 对于最大化社会收益的目标函数, 没有确定性的预算可行真实机制有比 2 更低的近似比.

证明 考虑一个有 2 个用户和 2 个设施的实例, 其中 $\boldsymbol{x}=\boldsymbol{l}=(0,1)$. 当开设费用组合是 $(B-\varepsilon,B-\varepsilon)$($\varepsilon>0$ 是充分小的常数) 时, 任何确定性的预算可行真实机制 $\mathcal{M}$ 都将选择至少一个设施, 否则近似比无限大. 不失一般性地假设设施 1 被选中, 由个体理性可知, 设施 1 得到的报酬至少是 $p_1\geqslant B-\varepsilon$.

当开设费用组合是 $(\varepsilon,B-\varepsilon)$ 时, 由选择函数的单调性可知, 设施 1 依然被选中. 由支付的公式可知, 设施 1 得到的报酬至少是 $B-\varepsilon$, 因为阈值不低于 $B-\varepsilon$. 由预算限制可知, 设施 2 无法被选中. 因此, 机制导出的社会收益最多是 1, 而通过开设两个设施, 最优的社会收益是 2. 这意味着近似比至少是 2. □

受到文献 [81] 中定理 4.2 构造的实例概率分布的启发, 我们构造了一个类似的实例概率分布, 使用 Yao 的极小极大法则来证明随机机制的近似比下界是 2.

定理 6.4 对于最大化社会收益的目标函数, 没有随机的、普遍真实的预算可行机制有比 2 更低的近似比.

证明 考虑一个实例的概率分布, 其中所有 (概率非零的) 实例都包含 2 个用户和 2 个设施, 位置组合为 $\boldsymbol{x}=\boldsymbol{l}=(0,1)$. 开设费用组合 $\boldsymbol{c}=(c_1,c_2)$ 由以下分布确定:

(1) 以概率 $\dfrac{1-\varepsilon}{L}$ 有开设费用组合 $(a_i,B-a_i)$, 对任意 $i=1,\cdots,L$;

(2) 以概率 $\frac{2\varepsilon}{L(L-1)}$ 有开设费用组合 $(a_i, B-a_j)$, 对任意 $1 \leqslant i < j \leqslant L$, 其中 L 是充分大的整数, 对任意 $i = 1, \cdots, L$ 有 $a_i > a_{i+1}$, 以及 $\varepsilon \in (0,1)$ 是充分小的常数. 下面我们将简单地用开设费用组合来表示实例, 因为其他信息都是一致的.

我们首先证明, 对于任意确定性的、对上述实例分布具有有界期望近似比的预算可行真实机制 $\mathcal{M}$, 上述分布中存在至多一个实例, 使得 $\mathcal{M}$ 选择两个设施作为赢家. 假设存在超过两个实例满足该条件, 则必须都在第一类中, 因为对于任意第二类的实例, 由于预算限制, $\mathcal{M}$ 不能选择两个设施. 不妨设正好两个实例满足条件, 将其表示为 $(a_i, B-a_i)$ 和 $(a_j, B-a_j)$, 其中 $a_i > a_j$. 首先我们考虑第二类中的实例 $(a_i, B-a_j)$, 机制 $\mathcal{M}$ 一定会选择至少一个设施 (不失一般性地假设是 F_1), 否则近似比将无穷大. 然后我们考虑实例 $(a_j, B-a_j)$, 机制 $\mathcal{M}$ 会选择两个设施. 因为设施 1 的阈值至少是 a_i, 机制的真实性保证了设施 1 的报酬至少是 a_i, 从而设施 2 的报酬至多是 $B-a_i < B-a_j$, 这违反了个体理性. 因此, 机制不能同时选择两个设施. 至此, 我们证明了至多存在一个实例使得机制选择两个设施, 并且这个实例一定是第一类的. 此时机制导出的社会收益是 2.

接下来我们计算 $\mathcal{M}$ 对于实例分布的期望近似比. 对于每个第一类实例, 最优解是选择两个设施, 最优社会收益是 2. 因而 $\mathcal{M}$ 的期望近似比至少是

$$\frac{1-\varepsilon}{L} \cdot 1 + \frac{1-\varepsilon}{L} \cdot (L-1) \cdot 2 + \varepsilon \cdot 1 = 2 - \frac{1}{L} - \left(1 - \frac{1}{L}\right)\varepsilon \to 2$$

当 $L \to \infty$ 以及 $\varepsilon \to 0$ 时. 由极小极大法则可知, 随机机制的近似比下界是 2. □

此外, 我们还能够证明增广近似比的下界. 当机制被允许使用 kB 大小的预算时, 我们有以下结果.

推论 6.1　对于最大化社会收益的目标函数, 假设机制可以使用 kB 大小的预算 (对任意常数 $k > 1$), 没有确定性的预算可行真实机制有比 $1 + \frac{1}{\lceil k \rceil^2 + \lceil k \rceil - 1}$ 更低的近似比.

证明　考虑在定理 6.1的证明中构造的实例. 当允许使用 kB 大小的预算时,

假设存在一个确定性预算可行真实机制 $\mathcal{M}$ 拥有小于 $1+\dfrac{1}{\lceil k\rceil^2+\lceil k\rceil-1}$ 的近似比. 令 $\tilde{k}=\lceil k\rceil$. 考虑开设费用组合 $(B-\tilde{k}\varepsilon,\varepsilon,\cdots,\varepsilon)$, 最优解是选择所有的 $\tilde{k}+1$ 个设施, 社会收益是 $\tilde{k}+1$. 机制 $\mathcal{M}$ 一定会选择所有的 $k+1$ 设施, 否则导出的社会收益最多是 $\tilde{k}+1-1/\tilde{k}$, 而近似比至少是 $\dfrac{\tilde{k}+1}{\tilde{k}+1-1/\tilde{k}}=1+\dfrac{1}{\lceil k\rceil^2+\lceil k\rceil-1}$, 矛盾. 类似地, 考虑其他 $\tilde{k}$ 个开设费用组合 $(\varepsilon,B-\tilde{k}\varepsilon,\varepsilon,\cdots,\varepsilon)$,$(\varepsilon,\varepsilon,B-\tilde{k}\varepsilon,\cdots,\varepsilon)$, $\cdots$, $(\varepsilon,\cdots,\varepsilon,B-\tilde{k}\varepsilon)$, 机制 $\mathcal{M}$ 同样会选择全部设施进行开设.

现在我们考虑开设费用组合 $(\varepsilon,\cdots,\varepsilon)$, 利用与定理 6.1的证明中相同的论述, 可以导出与预算限制的矛盾. □

推论 6.2 对于最大化社会收益的目标函数, 假设机制可以使用 kB 大小的预算 (对任意常数 $k>1$), 没有随机的、普遍真实的预算可行机制有比 $\dfrac{\lceil k\rceil}{\lceil k\rceil^2+\lceil k\rceil-1}+\dfrac{\lceil k\rceil}{\lceil k\rceil+1}$ 更好的近似比.

证明 考虑定理 6.2的证明中构造的实例概率分布. 使用相同的论述, 我们可以证明至少存在一个实例, 机制 $\mathcal{M}$ 可以选择最多 $\lceil k\rceil$ 个设施, 社会收益至多是 $\lceil k\rceil+1-1/\lceil k\rceil$, 而最优解是选择全部的 $\lceil k\rceil+1$ 个设施, 最优的社会收益是 $\lceil k\rceil+1$. 因此, 机制 $\mathcal{M}$ 对于该实例概率分布的期望近似比至少是

$$\frac{1-\varepsilon}{\lceil k\rceil+1}\cdot\frac{\lceil k\rceil+1}{\lceil k\rceil+1-1/\lceil k\rceil}+\lceil k\rceil\cdot\frac{1-\varepsilon}{\lceil k\rceil}\cdot 1+\varepsilon\cdot 1$$

当 ε 趋于 0 时, 该期望近似比趋于 $\dfrac{\lceil k\rceil}{\lceil k\rceil^2+\lceil k\rceil-1}+\dfrac{\lceil k\rceil}{\lceil k\rceil+1}$. □

接下来, 我们提供一个确定性的预算可行真实机制, 其近似比是 2, 匹配了定理 6.3和定理 6.4中的下界.

机制 6.1 在所有报价不超过预算的设施中, 选择能提供最大社会收益的单个设施 (如果有多个, 则任选其一). 也就是说, 选择设施

$$\arg\max_{l_j\in\mathcal{F}:b_j\leqslant B}\mathrm{SU}(\{l_j\})$$

机制向选中的设施支付报酬 B, 向其他设施支付 0.

定理 6.5　对于最大化社会效益的目标函数, 机制 6.1是真实的、预算可行的和 2-近似的.

机制 6.1显然是标准化的、个体理性的, 并且没有正向交易. 关于真实性, 由命题 6.1可知, 只需证明选择函数的单调性以及支付给赢家的报酬等于其阈值. 单调性直接可见. 令 l_j^* 为机制选中的设施. 如果 l_j^* 报价不超过 B, 则他永远是赢家. 如果报价超过 B, 则他成为输家. 因此, 他的阈值是 B, 等于他收到的报酬, 真实性得证. 因为机制正好支付报酬 B, 所以也是预算可行的.

对于近似比, 为了方便描述, 我们首先给出一些假设. 给定一个实例 $I = (\boldsymbol{x}, \boldsymbol{l}, \boldsymbol{c}, B)$, 不失一般性地假设 $0 \leqslant x_1 \leqslant \cdots \leqslant x_n \leqslant 1$ 以及 $0 \leqslant l_1 \leqslant \cdots \leqslant l_m \leqslant 1$. 当 n 是偶数时, 令 x_{n_1} 和 x_{n_2} 为用户位置的左中位数和右中位数. 当 n 是奇数时, 令 $x_{n_1} = x_{n_2}$ 为用户位置的中位数. 定义函数 $g(y) := \sum_{i=1}^{n} |x_i - y|$, 其定义域是 $[0,1]$. 函数 $g(y)$ 是凸的, 因为它是一系列凸函数 $|x_i - y|$ 的和. 于是我们有如下观察.

观察 6.1　函数 $g(y)$ 在区间 $[0, x_{n_1})$ 上递减, 在区间 $[x_{n_1}, x_{n_2}]$ 上保持最小值, 在区间 $(x_{n_2}, 1]$ 上递增.

下面的引理说明了机制选中的赢家要么在中位数之间, 要么是离中位数最近的设施.

引理 6.1　令 l_j^* 为机制 6.1选中的赢家. 如果存在设施位于区间 $[x_{n_1}, x_{n_2}]$ 内, 则 $l_j^* \in [x_{n_1}, x_{n_2}]$. 否则, 必有 $l_j^* = \arg\min_{l_j \leqslant x_{n_1}} d(x_{n_1}, l_j)$ 或 $l_j^* = \arg\min_{l_j \geqslant x_{n_2}} d(x_{n_2}, l_j)$.

证明　机制 6.1选中的赢家满足

$$l_j^* = \arg\max_{l_j \in \mathcal{F}} \mathrm{SU}(l_j) = \arg\min_{l_j \in \mathcal{F}} \sum_{i=1}^{n} |l_j - x_i| = \arg\min_{l_j \in \mathcal{F}} g(l_i)$$

也就是说, 赢家最小化了函数 g. 由观察 6.1可知, 如果存在设施位于 $[x_{n_1}, x_{n_2}]$ 之间, 则 $l_j^* \in [x_{n_1}, x_{n_2}]$. 如果不存在, 赢家必定是离左中位数最近的设施或者离右中位数最近的设施. □

现在我们可以计算机制 6.1的近似比. 基本思想是将所有可能的实例划分成

三类, 然后对每一类都确定一个最坏实例 $I' = (\boldsymbol{x}', \boldsymbol{l}', \boldsymbol{c}, B)$, 使得机制对于该类中的任意实例 I 都不会有比对于 I' 更坏的近似比. 因此, 只需证明 $\gamma(\mathcal{M}, I) \leqslant \gamma(\mathcal{M}, I') \leqslant 2$.

情形 1 至少存在一个设施 l_j 位于 (x_{n_1}, x_{n_2}). 在这种情况下, n 是偶数, 机制 6.1将选择区间 (x_{n_1}, x_{n_2}) 中的一个设施作为赢家. 设 $l_j^* \in (x_{n_1}, x_{n_2})$ 是赢家. 定义实例 I' 为

$$x_i' = \begin{cases} 0, & \text{如果} 1 \leqslant i \leqslant n_1 \\ 1, & \text{如果} n_2 \leqslant i \leqslant n \end{cases}$$

以及

$$l_j' = \begin{cases} 0, & \text{如果} j = 1 \\ l_j, & \text{如果} 2 \leqslant j \leqslant m-1 \\ 1, & \text{如果} j = m \end{cases}$$

可见对于任意用户 $i \in N$, 有 $d(x_i', l_j^*) \geqslant d(x_i, l_j^*)$, 其中 $l_{i^*} \in \mathcal{F}$ 是离用户 i 最近的设施. 对于实例 I', 由 l_j' 导出的社会收益是 $n/2$, 而最优的社会收益是 n. 因此, 关于实例 I' 的近似比是 $\gamma(\mathcal{M}, I') = \dfrac{n}{n/2} = 2$. 然后我们有

$$\begin{aligned} \gamma(\mathcal{M}, I) &= \frac{n - \sum\limits_{i=1}^{n} d(x_i, l_{i^*})}{n - \sum\limits_{i=1}^{n} d(x_i, l_j^*)} \\ &\leqslant \frac{n}{n - \sum\limits_{i=1}^{n} d(x_i, l_j^*)} \\ &= \gamma(\mathcal{M}, I') = 2 \end{aligned}$$

其中不等式的来源可参考图 6.1(其中箭头指示从实例 I 到 I' 中用户的移动方向). 也就是说, 将 $\boldsymbol{x}$ 左半边的用户移动到 0, 将右半边的用户移动到 1, 将 $\boldsymbol{l}$ 中最左边的设施移动到 0, 最右边的设施移动到 1, 于是对任意用户 i 都有 $d(x_i', l_j^*) \geqslant d(x_i, l_j^*)$.

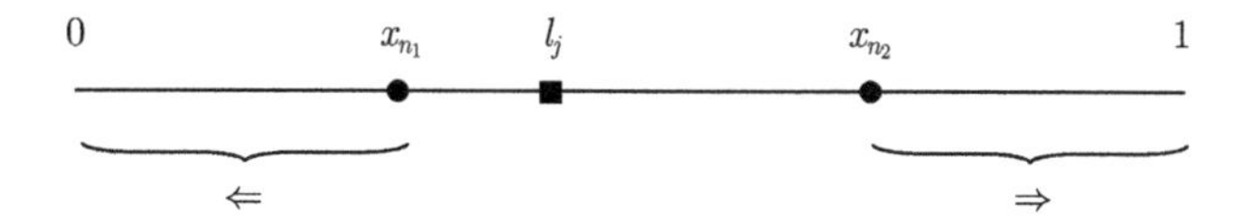

图 6.1　情形 1

情形 2　所有设施都位于用户中位数的一侧, 即要么对任意设施 $l_j \in \mathcal{F}$ 都有 $l_j \leqslant x_{n_1}$, 要么都有 $l_j \geqslant x_{n_2}$. 由于对称性, 我们只需考虑所有的设施都位于中位数右侧的情形, 即 $l_j \geqslant x_{n_2}$, 如图 6.2 所示. 由引理 6.1可知, 机制 6.1选择 l_1 作为赢家. 令 $q = \max\{i \in N | x_i \leqslant l_1\}$ 为在设施 l_1 的左侧并且离 l_1 最近的用户. 定义实例 I' 为

$$x_i' = \begin{cases} 0, & \text{如果} 1 \leqslant i \leqslant q \\ 1, & \text{如果} q+1 \leqslant i \leqslant n \end{cases}$$

以及

$$l_j' = \begin{cases} l_j, & \text{如果} 1 \leqslant j \leqslant m-1 \\ 1, & \text{如果} j = m \end{cases}$$

对于任意用户 $i \in N$, 都有 $d(x_i', l_1) \geqslant d(x_i, l_1)$. 对于实例 I', 机制 6.1同样选择 l_1 作为赢家. 设 $a = d(0, l_1)$. 关于实例 I', 机制产生的社会收益是 $n - aq - (1 - a)(n - q)$, 而最优的社会收益是 $n - aq$. 因而我们有

$$\begin{aligned}
\gamma(\mathcal{M}, I) = \frac{n - \sum\limits_{i=1}^{n} d(x_i, l_{i^*})}{n - \sum\limits_{i=1}^{n} d(x_i, l_1)} &\leqslant \frac{n - \sum\limits_{i=1}^{q} d(x_i, l_1)}{n - \sum\limits_{i=1}^{n} d(x_i, l_1)} \\
&\leqslant \frac{n - \sum\limits_{i=1}^{q} d(x_i', l_1)}{n - \sum\limits_{i=1}^{n} d(x_i', l_1)} \\
&= \gamma(\mathcal{M}, I') \\
&= \frac{n - aq}{n - aq - (1-a)(n-q)}
\end{aligned}$$

$$\leqslant 1+\frac{n-n_2}{n_2}$$

$$\leqslant 2$$

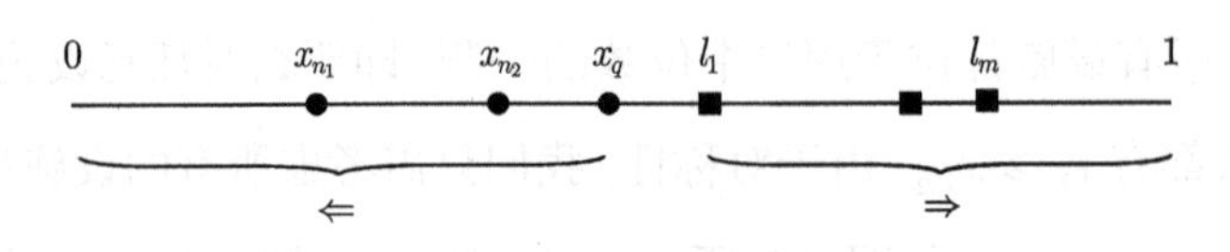

图 6.2　情形 2

情形 3　没有设施位于区间 (x_{n_1},x_{n_2}) 内，在 x_{n_1} 的左侧和 x_{n_2} 的右侧都有设施存在. 令在 x_{n_1} 左侧并离其最近的用户是 $l_{j_0}=\arg\min\limits_{l_j\leqslant x_{n_1}} d(x_{n_1},l_j)$，在 x_{n_2} 右侧并离其最近的用户是 $l_{j_0+1}=\arg\min\limits_{l_j\geqslant x_{n_2}} d(x_{n_2},l_j)$. 设 $a=d(0,l_{j_0}),b=d(l_{j_0},l_{j_0+1}),c=d(l_{j_0+1},1)$. 设 $Q=\dfrac{l_{j_0}+l_{j_0+1}}{2}$ 是区间 $[l_{j_0},l_{j_0+1}]$ 的中点. 定义实例 I' 为

$$x_i'=\begin{cases}0, & 如果x_j<l_{j_0}\\ x_i, & 如果l_{j_0}\leqslant i\leqslant l_{j_0+1}\\ 1, & 如果x_j>l_{j_0+1}\end{cases}$$

以及

$$l_j'=\begin{cases}0, & 如果j=1\\ l_j, & 如果2\leqslant j\leqslant m-1\\ 1, & 如果j=m\end{cases}$$

于是对于任意用户 i，都有 $d(x_i',l_{j_0})\geqslant d(x_i,l_{j_0}),d(x_i',l_{j_0+1})\geqslant d(x_i,l_{j_0+1})$，并且

$$\gamma(\mathcal{M},I')=\frac{n-\sum\limits_{l_{j_0}\leqslant x_i\leqslant l_{j_0+1}} d(x_i,l_{i^*})}{n-\min\{\sum\limits_{i=1}^{n} d(x_i',l_{j_0}),\sum\limits_{i=1}^{n} d(x_i',l_{j_0+1})\}}$$

$$\geqslant \frac{n-\sum\limits_{i=1}^{n} d(x_i, l_{i^*})}{n-\min\{\sum\limits_{i=1}^{n} d(x_i, l_{j_0}), \sum\limits_{i=1}^{n} d(x_i, l_{j_0+1})\}}$$

$$= \gamma(\mathcal{M}, I)$$

考虑两个子情形 $Q \in [x_{n_1}, x_{n_2}]$ 和 $Q \notin [x_{n_1}, x_{n_2}]$, 我们分别证明 $\gamma(\mathcal{M}, I') \leqslant 2$. 为了方便, 我们假设 x_{n_1} 和 x_{n_2} 的位置不会与任何用户的位置重合. 这个假设不会影响结论的正确性和一般性.

(i) $Q \in [x_{n_1}, x_{n_2}]$. 定义 $N_1 = \{i \in N | x_i < l_{j_0}\}, N_2 = \{i \in N | l_{j_0} \leqslant x_i \leqslant Q\}, N_3 = \{i \in N | Q < x_i \leqslant l_{j_0+1}\}, N_4 = \{i \in N | l_{j_0+1} < x_i \leqslant 1\}$. 对于 $i = 1, 2, 3, 4$, 设 $|N_i| = |\alpha_i|$. 由图 6.3(a) 可知, $\alpha_1 \leqslant n_1 - 1 \leqslant n/2$, 以及

$$\begin{cases} \alpha_1 + \alpha_2 = n_1 \\ \alpha_3 + \alpha_4 = n - n_1 \end{cases} \tag{6.1}$$

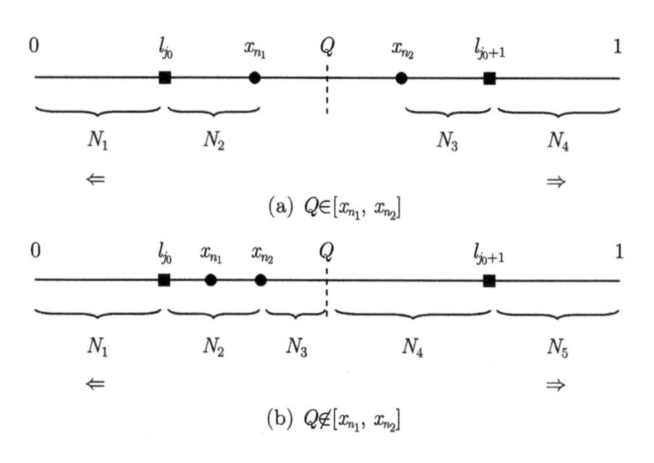

图 6.3　情形 3

设 $\Delta_2 = \sum\limits_{i \in N_2} d(x_i, l_{j_0})$ 是 N_2 中的用户与设施 l_{j_0} 的总距离. 设 $\Delta_3 = \sum\limits_{i \in N_3} d(x_i, l_{j_0+1})$ 是 N_3 中的用户与设施 l_{j_0+1} 的总距离. 关于实例 I', 最优的社会收益是 $\mathrm{OPT}(I') = n - \Delta_2 - \Delta_3$, 而机制要么选择 l_{j_0}, 要么选择 l_{j_0+1}, 有

$$\begin{cases} \text{SU}(\{l_{j_0}\}) = n - a\alpha_1 - \Delta_2 - (b\alpha_3 - \Delta_3) - (b+c)\alpha_4 \\ \text{SU}(\{l_{j_0+1}\}) = n - (a+b)\alpha_1 - (b\alpha_2 - \Delta_2) - \Delta_3 - c\alpha_4 \end{cases}$$

由对称性可知, 我们只需考虑 $\text{SU}(\{l_{j_0}\}) \geqslant \text{SU}(\{l_{j_0+1}\})$ 的情形. 于是有

$$\Delta_2 - \Delta_3 \geqslant (n_1 - n/2)b \tag{6.2}$$

机制将会选择 l_{j_0}. 关于实例 I 的近似比满足

$$\begin{aligned} \gamma(\mathcal{M}, I) &\leqslant \gamma(\mathcal{M}, I') \\ &= \frac{n - \Delta_2 - \Delta_3}{n - a\alpha_1 - \Delta_2 - (b\alpha_3 - \Delta_3) - (b+c)\alpha_4} \\ &\leqslant \frac{n}{n - a\alpha_1 - (n_1 - n/2)b - b\alpha_3 - (b+c)\alpha_4} \\ &= \frac{n}{n - a\alpha_1 - bn/2 - c\alpha_4} \\ &\leqslant \frac{n}{n - (1-b)\alpha_1 - bn/2} \\ &= \frac{n}{n - \alpha_1 - (n/2 - \alpha_1)b} \\ &\leqslant \frac{n}{n - \alpha_1 - (n/2 - \alpha_1)} = 2 \end{aligned}$$

其中第三个不等式由 $c = 0$ 时有 $\alpha_4 \leqslant n - n_1 \leqslant n/2$ 和 $a = 1 - b$ 推知.

(ii) $Q \notin [x_{n_1}, x_{n_2}]$. 我们只考虑 $Q > x_{n_2}$ 的情形, 因为另一种情形 $Q < x_{n_2}$ 是对称的. 定义 $N_1 = \{i \in N | x_i < l_{j_0}\}, N_2 = \{i \in N | l_{j_0} \leqslant x_i \leqslant x_{n_2}\}, N_3 = \{i \in N | x_{n_2} < x_i \leqslant Q\}, N_4 = \{i \in N | Q < x_i \leqslant l_{j_0+1}\}, N_5 = \{i \in N | l_{j_0+1} < x_i \leqslant 1\}$. 对于 $i = 1, \cdots, 5$, 设 $|N_i| = \alpha_i$. 由图 6.3(b) 可知 $\alpha_1 \leqslant n_2 - 1 \leqslant n/2$, 以及

$$\begin{cases} \alpha_1 + \alpha_2 = n_2 \\ \alpha_3 + \alpha_4 + \alpha_5 = n - n_2 \end{cases} \tag{6.3}$$

设 $\Delta_2 = \sum\limits_{i \in N_2} d(x_i, l_{j_0}), \Delta_3 = \sum\limits_{i \in N_3} d(x_i, l_{j_0})$ 和 $\Delta_4 = \sum\limits_{i \in N_4} d(x_i, l_{j_0+1})$. 关于实例 I', 最优的社会收益是 $\text{OPT}(I') = n - \Delta_2 - \Delta_3 - \Delta_4$, 而机制选择 l_{j_0} 或 l_{j_0+1} 有

$$\begin{cases} \text{SU}(\{l_{j_0}\}) = n - a\alpha_1 - \Delta_2 - \Delta_3 - (b\alpha_4 - \Delta_4) - (b+c)\alpha_5 \\ \text{SU}(\{l_{j_0+1}\}) = n + \Delta_2 + \Delta_3 - \Delta_4 - a\alpha_1 - b(n_2 + \alpha_3) - c\alpha_5 \end{cases}$$

如果 $\text{SU}(\{l_{j_0}\}) \geqslant \text{SU}(\{l_{j_0+1}\})$, 则有

$$\Delta_2 + \Delta_3 - \Delta_4 \leqslant (n_2 - n/2 + \alpha_3)b \tag{6.4}$$

机制将会选择 l_{j_0}. 关于实例 I 的近似比满足

$$\begin{aligned} \gamma(\mathcal{M}, I) &\leqslant \gamma(\mathcal{M}, I') \\ &= \frac{n - \Delta_2 - \Delta_3 - \Delta_4}{n - a\alpha_1 - \Delta_2 - \Delta_3 - (b\alpha_4 - \Delta_4) - (b+c)\alpha_5} \\ &\leqslant \frac{n}{n - a\alpha_1 - bn/2 - c\alpha_5} \\ &\leqslant \frac{n}{n - (1-b)\alpha_1 - bn/2} \\ &= \frac{n}{n - \alpha_1 - (n/2 - \alpha_1)b} \\ &\leqslant \frac{n}{n - \alpha_1 - (n/2 - \alpha_1)} = 2 \end{aligned}$$

其中第三个不等式由 $c = 0$ 时有 $a = 1 - b$ 推知.

如果 $\text{SU}(\{l_{j_0}\}) < \text{SU}(\{l_{j_0+1}\})$, 则有

$$\Delta_2 + \Delta_3 - \Delta_4 \geqslant (n_2 - n/2 + \alpha_3)b \tag{6.5}$$

机制将会选择 l_{j_0+1}. 由对称性可知, 关于实例 I 的近似比满足 $\gamma(\mathcal{M}, I) \leqslant 2$.

因此, 在情形 3 中, 我们有 $\gamma(\mathcal{M}, I) \leqslant 2$.

由上述对三种情形的讨论可知, 我们完成了对近似比 2 的证明. 这个证明的主要困难在于确定每一种情形中的最坏实例.

6.5 最小收益目标下的机制设计

本节考虑最大化最小收益的目标函数. 首先证明任意确定性或随机的真实机制的近似比都是无界的, 然后在预算增广的框架下, 提出一个确定性真实机制, 可以使用 $2B$ 大小的预算.

定理 6.6 对于最大化最小收益的目标函数, 没有确定性的预算可行真实机制具有有界的近似比, 即便对任意小的常数 $\varepsilon > 0$, 机制可以使用 $2B - \varepsilon$ 大小的预算.

证明 假设 $\mathcal{M}$ 是一个确定性的预算可行真实机制, 并且可以使用 $2B-\varepsilon$ 大小的预算, 考虑一个有 2 个用户和 2 个设施的实例 I, 位置组合是 $\boldsymbol{x} = (0,1), \boldsymbol{l} = (\varepsilon, 1-\varepsilon)$. 对于开设费用组合 $\boldsymbol{c} = (B-\varepsilon/3, B-\varepsilon/3)$, 显然 $\mathcal{M}$ 至少开设一个设施 (设为设施 1), 否则近似比无界.

对于开设费用组合 $(\varepsilon/3, B-\varepsilon/3)$, 由选择函数的单调性和支付函数的公式可知, 设施 1 的阈值至少是 $B-\varepsilon/3$, 得到的报酬也至少是 $B-\varepsilon/3$. 而设施 2 可能得到的报酬至多是 $B-2\varepsilon/3 < B-\varepsilon/3$, 由个体理性可知, 设施 2 无法被选择. 因此, $\mathcal{M}$ 只能开设一个设施, 导出的最小收益是 ε, 而最优解可以开设两个设施, 最优的最小收益是 $1-\varepsilon$. 近似比至少是 $\dfrac{1-\varepsilon}{\varepsilon}$, 在 ε 趋于 0 时, 近似比无界. □

定理 6.7 对于最大化最小收益的目标函数, 没有随机的普遍真实预算可行机制具有有界的近似比, 即便对任意小的常数 $\varepsilon > 0$, 机制可以使用 $2B - \varepsilon$ 大小的预算.

证明 利用 Yao 的极小极大法则, 构造一个实例的概率分布, 其中任意一个 (概率大于 0 的) 实例都有 2 个用户和 2 个设施, 位置组合为 $\boldsymbol{x} = (0,1), \boldsymbol{l} = (\varepsilon, 1-\varepsilon)$. 开设费用组合 $\boldsymbol{c} = (c_1, c_2)$ 由以下分布确定: $\left(B-\dfrac{\varepsilon}{3}, \varepsilon\right)$ 和 $\left(\varepsilon, B-\dfrac{\varepsilon}{3}\right)$ 的概率都是 $\dfrac{1-\varepsilon}{2}$, $(\varepsilon, \varepsilon)$ 的概率是 ε.

使用与定理 6.6 的证明中类似的论述, 我们可以证明, 对于任意确定性的且在使用 $2B-\varepsilon$ 大小的预算时有有界近似比的预算可行真实机制 $\mathcal{M}$, $\left(B-\dfrac{\varepsilon}{3}, \varepsilon\right)$ 和

$\left(\varepsilon, B-\frac{\varepsilon}{3}\right)$ 中最多有一个实例能被 $\mathcal{M}$ 选择两个设施. 也就是说, 至少有一个实例, 使得机制 $\mathcal{M}$ 最多选择一个设施. 其最小收益至多是 ε, 而最优解是选择两个设施, 最优值为 $1-\varepsilon$. 于是机制 $\mathcal{M}$ 的期望近似比至少是 $\frac{1-\varepsilon}{2}\cdot\frac{1-\varepsilon}{\varepsilon}+\frac{1-\varepsilon}{2}\cdot 1+\varepsilon\cdot 1$, 当 $\varepsilon\to 0$ 时, 该期望近似比趋于无穷. □

此外, 在预算增广的框架下, 我们有更多关于近似比下界的结果.

推论 6.3　对于最大化最小收益的目标函数, 假设机制可以使用 kB 大小的预算 ($k\geqslant 2$ 是常数), 则没有确定性的预算可行真实机制有比 $1+\frac{1}{\lceil k\rceil-1}$ 更好的近似比.

证明　考虑在定理 6.1的证明中构造的实例. 假设存在确定性的预算可行真实机制 $\mathcal{M}$ 使用 kB 大小的预算, 并有比 $1+\frac{1}{\lceil k\rceil+1}$ 更低的近似比. 设 $\tilde{k}=\lceil k\rceil$. 考虑开设费用组合 $(B-\tilde{k}\varepsilon,\varepsilon,\cdots,\varepsilon)$, 最优解是选择全部 $\tilde{k}+1$ 个设施, 最优的最小收益是 1. 我们可以证明 $\mathcal{M}$ 一定会选择所有的 $k+1$ 个设施, 否则导出的最小收益最多是 $1-1/\tilde{k}$, 近似比至少是 $\frac{1}{1-1/\tilde{k}}=1+\frac{1}{\lceil k\rceil-1}$, 矛盾.

对于其他 $\tilde{k}$ 个开设费用组合 $(\varepsilon,B-\tilde{k}\varepsilon,\cdots,\varepsilon),(\varepsilon,\varepsilon,B-\tilde{k}\varepsilon,\cdots,\varepsilon),\cdots,(\varepsilon,\cdots,\varepsilon,B-\tilde{k}\varepsilon)$, 类似地, 所有的设施都会被机制选择. 现在我们考虑开设费用组合 $(\varepsilon,\cdots,\varepsilon)$, 使用与定理 6.1的证明中相同的论述, 可导出机制支付的总报酬与增广预算的矛盾. □

推论 6.4　对于最大化最小收益的目标函数, 假设机制可以使用 kB 大小的预算 ($k\geqslant 2$ 是常数), 则没有随机的普遍真实预算可行机制有比 $1+\frac{1}{\lceil k\rceil^2-1}$ 更低的近似比.

证明　考虑定理 6.2的证明中构造的实例概率分布. 使用相同的论述, 可以证明至少有一个实例, 使得 $\mathcal{M}$ 最多选择 $\lceil k\rceil$ 个设施. 此时近似比是 $\frac{1-\varepsilon}{\lceil k\rceil+1}\cdot\frac{1}{1-1/\lceil k\rceil}+\lceil k\rceil\cdot\frac{1-\varepsilon}{\lceil k\rceil+1}\cdot 1+\varepsilon\cdot 1$, 当 $\varepsilon\to 0$ 时, 该近似比趋于 $1+\frac{1}{\lceil k\rceil^2-1}$. □

由推论 6.3可知, 当允许使用 $2B$ 大小的预算时, 确定性机制的近似比下界是 2. 接下来, 我们将给出一个使用 $2B$ 大小的预算的 2-近似确定性机制, 这个 2-近似机制与近似比下界 2 相匹配.

机制 6.2 设 $l_{j_1} = \arg\min_{l_j \in \mathcal{F}} d(x_1, l_j)$ 是离最左端的用户 1 最近的设施, $l_{j_2} = \arg\min_{l_j \in \mathcal{F}} d(x_n, l_j)$ 是离最左端的用户 n 最近的设施.

(1) 如果 $l_{j_1} \neq l_{j_2}$ 且 $b_{j_1}, b_{j_2} \leqslant B$, 选择赢家集合 $S = \{l_{j_1}, l_{j_2}\}$, 向每个赢家支付报酬 B.

(2) 如果 $l_{j_1} = l_{j_2}$ 且 $b_{j_1}, b_{j_2} \leqslant B$, 选择设施 l_{j_1} 作为赢家, 向 l_{j_1} 支付报酬 B.

当 $l_{j_1} = l_{j_2}$ 时, l_{j_1} 是离每个用户都最近的设施, 因此, 最优解是选择 l_{j_1}, 机制 6.2达到了最优的最小收益. 接下来考虑 $l_{j_1} \neq l_{j_2}$ 的情形. 定义 $\delta_1 = d(l_{j_1}, l_{j_2})/2$, $\delta_2 = d(x_1, l_{j_1}), \delta_3 = (x_n, l_{j_2})$.

引理 6.2 当 $l_{j_1} \neq l_{j_2}$ 时, 赢家集合 S 导出的最小收益 $\mathrm{MU}(S)$ 至少是 $1 - \max\{\delta_1, \delta_2, \delta_3\}$.

证明 机制 6.2选择 $S = \{l_{j_1}, l_{j_2}\}$ 作为赢家集合, 用户 1 和用户 n 的收益分别是 $1 - \delta_2$ 和 $1 - \delta_3$. 只需分别讨论如下三种情形: $l_{j_1} \geqslant x_1$ 且 $l_{j_2} \leqslant x_n$; $l_{j_1} \leqslant x_1$ 且 $l_{j_2} \geqslant x_n$; $l_{j_1} \leqslant x_1$ 且 $l_{j_2} \leqslant x_n$, 或者 $l_{j_1} \geqslant x_1$ 且 $l_{j_2} \geqslant x_n$. 可以证明最小收益满足 $\mathrm{MU}(S) \geqslant 1 - \max\{\delta_1, \delta_2, \delta_3\}$. □

定理 6.8 机制 6.2(记作 $\mathcal{M}_2$) 是真实的, 关于 $2B$ 是预算可行的, 关于最小收益目标的增广近似比是 $\gamma_2(\mathcal{M}_2) = 2$.

证明 机制的真实性和预算可行性都是显然的, 因为支付给每个赢家的报酬都等于其阈值, 并且总支付不超过 $2B$. 对于该机制的近似比, 我们首先注意到最优的最小收益不会超过 $\min\{1 - d(x_1, l_{j_1}), 1 - d(x_n, l_{j_2})\} = 1 - \max\{\delta_2, \delta_3\}$. 当 $l_{j_1} = l_{j_2}$ 时, $S = \{l_{j_1}\}$ 是一个最优解. 当 $l_{j_1} \neq l_{j_2}$ 时, 由引理 6.2可知, $\mathrm{MU}(S) \geqslant 1 - \max\{\delta_1, \delta_2, \delta_3\}$. 因为 $0 \leqslant \delta_1 \leqslant 1/2$, 所以近似比最多是

$$\frac{1 - \max\{\delta_2, \delta_3\}}{1 - \max\{\delta_1, \delta_2, \delta_3\}} \leqslant 2$$

□

第 7 章　总结与讨论

本书针对设施选址的机制设计问题提供了一个概览. 除了经典设施选址博弈模型 (包括单设施模型、双设施模型、多设施模型等) 中机制设计的相关理论结果之外, 还介绍了消费者具有不同偏好信息下的无支付机制设计, 以及不同动机因素和不同约束条件下的无支付机制设计. 此外, 第 5 章和第 6 章重点介绍了两种带支付的设施选址博弈模型, 分别是双重角色设施选址博弈以及带预算和策略性设施的设施选址博弈.

另外, 还有一些不属于上述分类范畴的其他设施选址模型的变形. 首先, 多种系统目标函数受到了不同程度的关注, 除了最小化总费用和最小化最大费用之外, Feldman 和 Wilf [24] 研究的目标函数为最小化费用的平方和; Cai 等 [25] 研究了最小化最大嫉妒值, 其中一个消费者对另一个消费者的嫉妒值定义为他们各自与设施距离的差; Ding 等 [26] 和 Liu 等 [27] 研究了最小化嫉妒比, 其中嫉妒比定义为任意两个消费者效用的最大比值; Mei 等 [28] 研究的系统目标是最大化所有消费者的总快乐指数, 而每个消费者的个体目标是最大化自己的快乐指数. 其次, 分布式设施选址是一个很有潜力的变种模型. Filos-Ratsikas 和 Voudouris [29] 给出了一种设施位置由分布式过程来决定的模型: 首先每个群体 (或地区) 内的消费者决定一个代表位置, 然后机制从代表集合中决定一个位置, 而不考虑消费者的实际位置. 他们证明了该问题对于最小化总费用的最好可能近似比是 3. 此外, 其他变形和研究方向还包括外部性特征 [30]、加权的消费者 [31]、加和形式的近似比 [32]、自动机制设计 [33,34] 等.

我们给出一些未来值得研究的方向和开放性问题. 对于经典设施选址模型, 即便在实线上, 双设施问题的近似比上下界依然没有做到一致. 随机机制对社会费用的上下界分别是 4 和 1.045, 对最大费用的上下界分别是 5/3 和 3/2. 这个间隙值得我们进一步探索. 在圈空间上, 尽管我们针对单设施问题有了一些策略对抗机制, 比如混合机制和 PCD 机制等, 但仍然缺少非平凡的群体策略对抗机制. 此外, 针对多设施问题 (即 $k \geqslant 3$) 的研究结果依然较少, 且以负面的居多.

Agrawal 等 [85] 提出了一个有意思的研究方向——带预测的机制设计. 假设已知的机器学习算法对所考虑问题的最优解有一个预测, 需要设计一个机制, 根据这个预测以及消费者报告的信息, 确定设施的位置. 机制的性能通过两方面来度量: 其一是一致性, 指的是当预测准确时这个机制的近似比; 其二是鲁棒性, 指的是当预测不准确时机制的近似比. 考虑实线上的单设施选址问题, 给定对最优设施位置的一个预测, 显然, 对于最小化社会费用的目标, 经典模型的中位点机制依然是最优的 (1-一致且 1-鲁棒). 对于最小化最大费用的目标, 经典模型中有 2-近似的策略对抗机制 (左端点机制), 但如果有预测的信息, 我们能够做得更好. Agrawal 等 [85] 提出了如下策略对抗机制: 如果所有的消费者位置都位于预测点的同一侧, 则输出距离预测点最近的消费者位置, 否则输出该预测点. 这个机制是 1-一致并且 2-鲁棒的. 针对其他的设施选址模型, 考虑带预测的机制设计将是一个有意义的研究方向.

参 考 文 献

[1] CLARKE E H. Multipart Pricing of Public Goods[J]. Public choice, 1971, 11(1): 17-33.

[2] GROVES T. Incentives in Teams[J]. Econometrica: Journal of the Econometric Society, 1973: 617-631.

[3] VICKREY W. Counterspeculation, Auctions, and Competitive Sealed Tenders[J]. The Journal of Finance, 1961, 16(1): 8-37.

[4] PROCACCIA A D, TENNENHOLTZ M. Approximate Mechanism Design without Money[C]//Proceedings of the 10th ACM Conference on Electronic Commerce (EC). 2009: 177-186.

[5] CHENG Y, YU W, ZHANG G. Strategy-proof Approximation Mechanisms for an Obnoxious Facility Game on Networks[J]. Theoretical Computer Science, 2013, 497: 154-163.

[6] FEIGENBAUM I, SETHURAMAN J. Strategyproof Mechanisms for One-Dimensional Hybrid and Obnoxious Facility Location Models[C]//Workshops at the 29th AAAI Conference on Artificial Intelligence. 2015.

[7] ZOU S, LI M. Facility Location Games with Dual Preference[C]//Proceedings of the 14th International Conference on Autonomous Agents and Multiagent Systems (AAMAS). 2015: 615-623.

[8] SERAFINO P, VENTRE C. Heterogeneous Facility Location without Money on the Line[C]//Proceedings of the 21st European Conference on Artificial Intelligence (ECAI). 2014: 807-812.

[9] SERAFINO P, VENTRE C. Truthful Mechanisms without Money for Non-utilitarian Heterogeneous Facility Location[C]//Proceedings of the 29th Conference on Artificial Intelligence (AAAI). 2015: 1029-1035.

[10] YUAN H, WANG K, FONG C K K, et al. Facility Location Games with Optional Preference[C]//Proceedings of the 22nd European Conference on Artificial Intelligence (ECAI). 2016: 1520-1527.

[11] LI M, LU P, YAO Y, et al. Strategyproof Mechanism for Two Heterogeneous Facilities with Constant Approximation Ratio[C]//Proceedings of the 28th International Joint Conference on Artificial Intelligence (IJCAI). 2019: 238-245.

[12] HOSSAIN S, MICHA E, SHAH N. The Surprising Power of Hiding Information in Facility Location[C]//Proceedings of the 34th AAAI Conference on Artificial Intelligence (AAAI): vol. 34. 2020: 2168-2175.

[13] YAN X, CHEN Y. Strategyproof Facility Location Mechanisms with Richer Action Spaces[J]. arXiv preprint arXiv:2002.07889, 2020.

[14] TODO T, IWASAKI A, YOKOO M. False-name-proof Mechanism Design without Money[C]//Proceedings of the 10th International Conference on Autonomous Agents and Multiagent Systems (AAMAS). 2011: 651-658.

[15] FELDMAN M, FIAT A, GOLOMB I. On Voting and Facility Location[C]// Proceedings of the 17th ACM Conference on Economics and Computation (EC). 2016: 269-286.

[16] TANG Z, WANG C, ZHANG M, et al. Mechanism Design for Facility Location Games with Candidate Locations[C]//International Conference on Combinatorial Optimization and Applications (COCOA). 2020: 440-452.

[17] WALSH T. Strategy Proof Mechanisms for Facility Location at Limited Locations[J]. arXiv preprint arXiv:2009.07982, 2020.

[18] CHEN X, HU X, JIA X, et al. Mechanism Design for Two-Opposite-Facility Location Games with Penalties on Distance[C]//Proceedings of the 11th International Symposium on Algorithmic Game Theory (SAGT). 2018: 256-260.

[19] CHEN X, HU X, TANG Z, et al. Tight Efficiency Lower Bounds for Strategyproof Mechanisms in Two-opposite-facility Location Game[J]. Information Processing Letters, 2021, 168: 106098.

[20] XU X, LI B, LI M, et al. Two-Facility Location Games with Minimum Distance Requirement[J]. Journal of Artificial Intelligence Research, 2021, 70: 719-756.

[21] XU X, LI M, DUAN L. Strategyproof Mechanisms for Activity Scheduling[C]// Proceedings of the 19th International Conference on Autonomous Agents and MultiAgent Systems (AAMAS). 2020: 1539-1547.

[22] AZIZ H, CHAN H, LEE B E, et al. The Capacity Constrained Facility Location Problem[J]. Games and Economic Behavior, 2020, 124: 478-490.

[23] AZIZ H, CHAN H, LEE B, et al. Facility Location Problem with Capacity Constraints: Algorithmic and Mechanism Design Perspectives[C]//Proceedings of the 34th AAAI Conference on Artificial Intelligence (AAAI): vol. 34. 2020: 1806-1813.

[24] FELDMAN M, WILF Y. Strategyproof Facility Location and the Least Squares Objective[C]//Proceedings of the 14th ACM Conference on Electronic Commerce (EC). 2013: 873-890.

[25] CAI Q, FILOS-RATSIKAS A, TANG P. Facility Location with Minimax Envy[C]// Proceedings of the 25th International Joint Conference on Artificial Intelligence (IJCAI). 2016: 137-143.

[26] DING Y, LIU W, CHEN X, et al. Facility Location Game with Envy Ratio[J]. Computers & Industrial Engineering, 2020, 148: 106710.

[27] LIU W, DING Y, CHEN X, et al. Multiple Facility Location Games with Envy Ratio[J]. Theoretical Computer Science, 2021.

[28] MEI L, LI M, YE D, et al. Facility Location Games with Distinct Desires[J]. Discrete Applied Mathematics, 2019, 264: 148-160.

[29] FILOS-RATSIKAS A, VOUDOURIS A A. Approximate Mechanism Design for Distributed Facility Location[C]//Proceedings of the 14th International Symposium on Algorithmic Game Theory (SAGT). 2021: 49-63.

[30] LI M, MEI L, XU Y, et al. Facility Location Games with Externalities [C]//Proceedings of the 18th International Conference on Autonomous Agents and MultiAgent Systems (AAMAS). 2019: 1443-1451.

[31] ZHANG Q, LI M. Strategyproof Mechanism Design for Facility Location Games with Weighted Agents on a Line[J]. Journal of Combinatorial Optimization, 2014, 28(4): 756-773.

[32] GOLOMB I, TZAMOS C. Truthful Facility Location with Additive Errors[J]. arXiv preprint arXiv:1701.00529, 2017.

[33] GOLOWICH N, NARASIMHAN H, PARKES D C. Deep Learning for Multi-Facility Location Mechanism Design[C]//Proceedings of the 27th International Joint Conference on Artificial Intelligence (IJCAI). 2018: 261-267.

[34] NARASIMHAN H, AGARWAL S, PARKES D C. Automated Mechanism Design without Money via Machine Learning[C]//Proceedings of the 25th International Joint Conference on Artificial Intelligence (IJCAI). 2016: 433-439.

[35] ARCHER A, TARDOS É. Truthful Mechanisms for One-parameter Agents[C]// Proceedings of the 42nd Annual Symposium on Foundations of Computer Science (FOCS). 2001: 482-491.

[36] CHEN X, LI M, WANG C, et al. Truthful Mechanisms for Location Games of Dual-Role Facilities[C]//Proceedings of the 18th International Conference on Autonomous Agents and MultiAgent Systems (AAMAS). 2019: 1470-1478.

[37] LI M, WANG C, ZHANG M. Budget Feasible Mechanisms for Facility Location Games with Strategic Facilities[J]. Autonomous Agents and Multi-Agent Systems, 2022, 36(2): 1-22.

[38] LU P, SUN X, WANG Y, et al. Asymptotically Optimal Strategy-proof Mechanisms for Two-Facility Games[C]//Proceedings of the 11th ACM Conference on Electronic Commerce (EC). 2010: 315-324.

[39] MOULIN H. On Strategy-proofness and Single Peakedness[J]. Public Choice, 1980, 35(4): 437-455.

[40] LU P, WANG Y, ZHOU Y. Tighter Bounds for Facility Games[C]//Proceeding of the 5th International Workshop of Internet and Network Economics (WINE). 2009: 137-148.

[41] FOTAKIS D, TZAMOS C. On the Power of Deterministic Mechanisms for Facility Location Games[J]. ACM Transactions on Economics and Computation, 2014, 2(4): 15:1-15:37.

[42] PROCACCIA A D, TENNENHOLTZ M. Approximate Mechanism Design without Money[J]. ACM Transactions on Economics and Computation, 2013, 1(4): 1-26.

[43] ESCOFFIER B, GOURVÈS L, THANG N K, et al. Strategyproof Mechanisms for Facility Location Games with Many Facilities[C]//Proceedings of the 2nd International Conference on Algorithmic Decision Theory (ADT). 2011: 67-81.

[44] FOTAKIS D, TZAMOS C. Strategyproof Facility Location for Concave Cost Functions [J]. Algorithmica, 2016, 76(1): 143-167.

[45] ALON N, FELDMAN M, PROCACCIA A D, et al. Strategyproof Approximation of the Minimax on Networks[J]. Mathematics of Operations Research, 2010, 35(3): 513-526.

[46] MEIR R, PROCACCIA A D, ROSENSCHEIN J S. Algorithms for Strategyproof Classification[J]. Artificial Intelligence, 2012, 186: 123-156.

[47] MEIR R. Strategyproof Facility Location for Three Agents on a Circle[C]//proceedings of the 12th International Symposium on Algorithmic Game Theory (SAGT). 2019: 18-33.

[48] DOKOW E, FELDMAN M, MEIR R, et al. Mechanism Design on Discrete Lines and Cycles[C]//Proceedings of the 13th ACM Conference on Electronic Commerce (EC). 2012: 423-440.

[49] FILIMONOV A, MEIR R. Strategyproof Facility Location Mechanisms on Discrete Trees[J]. Autonomous Agents and Multi-Agent Systems, 2023, 37(1): 10.

[50] WALSH T. Strategy Proof Mechanisms for Facility Location in Euclidean and Manhattan Space[J]. arXiv preprint arXiv:2009.07983, 2020.

[51] CHENG Y, YU W, ZHANG G. Mechanisms for Obnoxious Facility Game on a Path [C]//Proceedings of the 5th International Conference on Combinatorial Optimization and Applications (COCOA). 2011: 262-271.

[52] YE D, MEI L, ZHANG Y. Strategy-proof Mechanism for Obnoxious Facility Location on a Line[C]//Proceedings of the 21st International Conference on Computing and Combinatorics (COCOON). 2015: 45-56.

[53] IBARA K, NAGAMOCHI H. Characterizing Mechanisms in Obnoxious Facility Game [C]//Proceedings of the 6th International Conference on Combinatorial Optimization and Applications (COCOA). 2012: 301-311.

[54] SERAFINO P, VENTRE C. Heterogeneous Facility Location without Money[J]. Theoretical Computer Science, 2016, 636: 27-46.

[55] ANASTASIADIS E, DELIGKAS A. Heterogeneous Facility Location Games[C]// Proceedings of the 17th International Conference on Autonomous Agents and MultiAgent Systems (AAMAS). 2018: 623-631.

[56] FONG C K K, LI M, LU P, et al. Facility Location Games With Fractional Preferences[C]//Proceedings of the 32nd AAAI Conference on Artificial Intelligence (AAAI). 2018: 1039-1046.

[57] MEI L, YE D, ZHANG G. Mechanism Design for One-Facility Location Game with Obnoxious Effects on a Line[J]. Theoretical Computer Science, 2018, 734: 46-57.

[58] CHAN H, LI M, WANG C, et al. Facility Location Games with Ordinal Preferences [C]//Proceedings of the 28th International Computing and Combinatorics Conference (COCOON). 2022: 138-149.

[59] DEKEL O, FISCHER F, PROCACCIA A D. Incentive Compatible Regression Learning[J]. Journal of Computer and System Sciences, 2010, 76(8): 759-777.

[60] MEI L, YE D, ZHANG Y. Approximation Strategy-proof Mechanisms for Obnoxious Facility Location on a Line[J]. Journal of Combinatorial Optimization, 2018, 36: 549-571.

[61] SONODA A, TODO T, YOKOO M. False-Name-Proof Locations of Two Facilities: Economic and Algorithmic Approaches[C]//Proceedings of the 30th AAAI Conference on Artificial Intelligence (AAAI). 2016: 615-621.

[62] NEHAMA I, TODO T, YOKOO M. Manipulation-resistant False-name-proof Facility Location Mechanisms for Complex Graphs[J]. Autonomous Agents and Multi-Agent Systems, 2022, 36(1): 12.

[63] ONO T, TODO T, YOKOO M. Rename and False-name Manipulations in Discrete Facility Location with Optional Preferences[C]//International Conference on Principles and Practice of Multi-Agent Systems. 2017: 163-179.

[64] TODO T, OKADA N, YOKOO M. False-Name-Proof Facility Location on Discrete Structures[C]//Proceedings of the 24th European Conference on Artificial Intelligence (ECAI): vol. 325. 2020: 227-234.

[65] FOTAKIS D, TZAMOS C. Winner-Imposing Strategyproof Mechanisms for Multiple Facility Location Games[C]//Proceeding of the 5th International Workshop of Internet and Network Economics (WINE). 2010: 234-245.

[66] NISSIM K, SMORODINSKY R, TENNENHOLTZ M. Approximately Optimal Mechanism Design via Differential Privacy[C]//Proceedings of the 3rd Innovations in Theoretical Computer Science Conference (ITCS). 2012: 203-213.

[67] CARAGIANNIS I, ELKIND E, SZEGEDY M, et al. Mechanism Design: From Partial to Probabilistic Verification[C]//Proceedings of the 13th ACM Conference on Electronic Commerce (EC). 2012: 266-283.

[68] BABAIOFF M, FELDMAN M, TENNENHOLTZ M. Mechanism Design with Strategic Mediators[J]. ACM Transactions on Economics and Computation, 2016, 4(7): 7:1-7:48.

[69] ANSHELEVICH E, BHARDWAJ O, POSTL J. Approximating Optimal Social Choice under Metric Preferences[C]//Proceedings of the 29th AAAI Conference on Artificial Intelligence (AAAI). 2015: 777-783.

[70] GUHA S, KHULLER S. Greedy Strikes Back: Improved Facility Location Algorithms [J]. Journal of Algorithms, 1999, 31(1): 228-248.

[71] SVIRIDENKO M. An Improved Approximation Algorithm for the Metric Uncapacitated Facility Location Problem[C]//International Conference on Integer Programming and Combinatorial Optimization (IPCO). 2002: 240-257.

[72] JAIN K, MAHDIAN M, MARKAKIS E, et al. Greedy Facility Location Algorithms Analyzed Using Dual Fitting with Factor-revealing LP[J]. Journal of the ACM, 2003, 50(6): 795-824.

[73] MAHDIAN M, YE Y, ZHANG J. Improved Approximation Algorithms for Metric Facility Location Problems[C]//International Workshop on Approximation Algorithms for Combinatorial Optimization (APPROX). 2002: 229-242.

[74] MYERSON R B. Optimal Auction Design[J]. Mathematics of Operations Research, 1981, 6(1): 58-73.

[75] RILEY J G, SAMUELSON W F. Optimal Auctions[J]. The American Economic Review, 1981, 71(3): 381-392.

[76] NISAN N, RONEN A. Algorithmic Mechanism Design[J]. Games and Economic behavior, 2001, 35(1-2): 166-196.

[77] NISAN N, ROUGHGARDEN T, TARDOS E, et al. Algorithmic Game Theory[M]. Cambridge: Cambridge University Press, 2007.

[78] GREEN J, LAFFONT J J. Characterization of Satisfactory Mechanisms for the Revelation of Preferences for Public Goods[J]. Econometrica: Journal of the Econometric Society, 1977: 427-438.

[79] LAFFONT J J, MASKIN E. A Differential Approach to Dominant Strategy Mechanisms[J]. Econometrica: Journal of the Econometric Society, 1980: 1507-1520.

[80] SINGER Y. Budget Feasible Mechanisms[C]//Proceedings of the 51st Annual Symposium on Foundations of Computer Science (FOCS). 2010: 765-774.

[81] CHEN N, GRAVIN N, LU P. On the Approximability of Budget Feasible Mechanisms [C]//Proceedings of the 22nd Annual ACM-SIAM Symposium on Discrete Algorithms (SODA). 2011: 685-699.

[82] SHAH R, FARACH-COLTON M. Undiscretized Dynamic Programming: Faster Algorithms for Facility Location and Related Problems on Trees[C]//Proceedings of the 34th ACM-SIAM Symposium on Discrete Algorithms (SODA). 2002: 108-115.

[83] YAO A C C. Probabilistic Computations: Toward a Unified Measure of Complexity [C] //Proceedings of the 18th Annual Symposium on Foundations of Computer Science (FOCS). 1977: 222-227.

[84] LI M, WANG C, ZHANG M. Budgeted Facility Location Games with Strategic Facilities[C]//Proceedings of the 30th International Joint Conferences on Artificial Intelligence (IJCAI). 2021: 400-406.

[85] AGRAWAL P, BALKANSKI E, GKATZELIS V, et al. Learning-Augmented Mechanism Design: Leveraging Predictions for Facility Location[C]//Proceedings of the 23rd ACM Conference on Economics and Computation (EC). 2022: 497-528.

